〈軍〉の中国史

澁谷由里

講談社現代新書

2409

はじめに

中国に「国軍」はない

読者のみなさんが「中国軍」にいだくイメージはどのようなものだろうか。軍事パレードで、一糸《いっし》みだれぬ行進を披露するすがただろうか。それとも最新式のミサイルを保持して、周囲の海域に圧力をかけているすがただろうか。いずれにせよ、「中国（軍）は強い」「軍事大国だ」とおもっているかたが多いのではなかろうか。

ところがみなさんが「中国軍」だとおもっているあの軍隊は、正式には「中国《ちゅうごく》人民《じんみん》解放《かいほう》軍《ぐん》」といい、中国共産党の指揮下にある。共産党は中華人民共和国を指導する立場にあるので、国家より党が、つねに上位に位置している。よって「人民解放軍」は、なにをさておいても「党」の軍隊なのである。

あれだけの大国でありながら、中国にはじつは「国軍」がない。にもかかわらず、ときとして示威的な軍事行動をとるのはなぜか。この問題を歴史的に解明してみようというのが、本書の第一のねらいである。

きらわれる「軍」

それにくわえてつい最近まで、といっても中華人民共和国建国（一九四九年）のころまでの話だが、旧時の中国には、「よい鉄は釘にならない、まっとうな人は兵にならない」というおどろくべきことわざがあった。つまり兵士や軍人は不人気なうえにきらわれる存在であったし、現在でも庶民からじつは畏怖《いふ》敬遠されている。またきらわれただけではなく、「軍」というものじたいが、中国の各王朝や社会では、つねにコントロールしにくい存在であった。本書の第二のねらいは、民からはきらわれ、為政者にとってはあつかいにくい存在であった「軍」という存在が、どのような経緯で中国ではかたちづくられていったのか、それをあきらかにすることである。以下に本書をよみとくうえでのアウトラインをしめしておこう。

古代（周《しゅう》代から後漢《ごかん》末まで。前一一〇〇～後二二〇）においては、税と密着した「兵役」があらわれたものの、やがてその状態が民をくるしめるようになると、税も兵も民からとれなくなった。中世（魏晋南北朝《ぎしんなんぼくちょう》時代。二二〇～）以降は、「兵役」維持をこころみた王朝もあったが、為政者側が兵士専業者をつくりだす方向に、基本的には転換した。さらに近世（宋《そう》代から清《しん》代〈アヘン戦争勃発以前〉まで。九六〇～一八四〇）になると、とくに北方諸族による王朝は、その統制下にある軍隊を作ろうとした。しかしいっぽうでは、兵士専業者がつどう、生活手段としての軍隊が、中世末から定着した。なおこのような軍隊は、軍費や兵糧も自前で調達しなければならなかった。

為政者から暴力を容認されている存在が、「もの」や「かね」をみずから調達してよいとなれば、なりふりかまわぬ「もの」「かね」あつめにはしり、制御不能な横暴ぶりを発揮するのはさけられない。しかしこれを黙認してやらないと、軍をやしなう経費が王朝財政を圧迫することは目に見えている。この矛盾が、軍という存在を中国においてなやましいものにしている、かなりおおきな要因である、というのが本書のみたてである。

なお中国では、軍に内在するこのおおきな矛盾にくわえて、定住民と非定住民との攻防という問題がつねにあった。北方・西方を中心に、社会が軍事的緊張をしいられてきたこともあって、たとえ横暴であっても軍事集団を維持しなければならない必要性が各王朝にあったとも、筆者はかんがえている。いっぽうその横暴ぶりをおさえるために、いかに法制度やモラルにうったえようとも、すでに集団のたががはずれてしまっている以上、罪悪感もないので、厳罰をもってしても抑制効果はあまり期待できない。こういう集団が真におそれるのは、「もの」「かね」にくわえて「ちから」をも分配し、生殺与奪《せいさつよだつ》の権をにぎる人間である。その人物が発することばや命令こそが法そのものだ、といいかえてもよい。

軍と政治との関係をよみとくもうひとつの重要なかぎは、「もの」「かね」「ちから」にたいする執着ゆえに、軍が「法治《ほうち》」にしたがわず、むしろ「もの」「かね」「ちから」の根源たる人間をさがすかつくりあげて、その人物を「法」にみたててしたがうという、「人《じん》治《ち》」への強烈な欲求である。秦の始皇帝《しんしこうてい》（在位前二二一〜前二一〇）が即位して以来、辛亥革命《しんがいかくめい》で清朝がたおれ、中華民国が建国される一九一二年まで、王朝はかわれども一貫して皇帝政治を堅持してきた中国ゆえに、克服できなかった問題かもしれない。

「人治」が「法治」のうえにあるという状態、「党」が「国家」を指導し軍隊も党の指揮下にあるという状態は、現在の北朝鮮（朝鮮民主主義人民共和国）でむしろ顕著であるとおもう読者もおおいだろうが、中国も、一党独裁と「党軍」とを堅持している点で、北朝鮮につうずる体質をもっている（厳密にいうと、北朝鮮が一九六〇〜七〇年代の中国を模倣してつくりあげたのが、現在の独裁体制のベースである）。よって現在にちかいところにふれればふれるほど、北朝鮮をほうふつさせる要素が、本書の随所にでてくることになるだろう。しかし本書はあくまでも、中国の歴史的本質を「軍」からみていくという趣旨で話をすすめる。

また中国は現在、「法治確立」を国家の大目標にかかげてはいるが、軍や警察によるかずかずの対外的威嚇《いかく》行為を黙認ないし追認している以上、それは完全に確立しているとはいいがたいだろう。軍事史をみてみると、ほとんどの時代で「私兵《しへい》」が中心であって、「おおやけ」の軍隊を保持した経験があさい中国では、軍隊による国際的・法的逸脱にたいする感覚が、すくなくとも日本とはことなる。善悪はべつとして、このことを念頭においておくべきである。

なぜかえられなかったのか

歴史の根底にある、「もの」「かね」「ちから」をめぐる悪循環とそれとの格闘こそが、中国の政治・軍事・社会をつきうごかしてきたのであり、その本質を理解して、なおかつエネルギーがあふれすぎないようにうまくとりなしていく知恵が、いまの日本には必要なのではないか。すこしふみこんでいうと、中国自身が「かえられなかった」部分を理解してほしい。

じつはこの「かえられなかった」部分とは、中国の儒学《じゅがく》でいう「体《たい》」、つまりものごとの根本、かえてはいけない本質にあたる。国家としての近代化や国際化など、かわったようにみえる部分は、儒学では「用《よう》」とされるところである。「用」は便法《べんぽう》であって本質ではないのでかえてもよいのだが、「体」はうごかしがたい。またこの「体」認識から派生して、ゆるぎない本質をもつ中国こそがもっともすぐれている、すなわち一般的には「中華（思想）」として知られる発想もうまれた。「中華」なり「体」なりに同化していると中国側からみとめられたときには、日本との関係は良好であり、そこからはずれたとみなされれば悪化する。

そうはいっても現在は、世界における主権国家のあつまりこそが中国儒学でいう「体」になっており、いかに大国といえども、そのルールのなかでふるまうことが求められている。だが中国は「体」のおおもとであるという自負がつよいので、しばしば他国とのあつれきを生じてしまってもいる。本書は「軍」をきりくちにしてはいるが、こうした中国独特の本質をもときあかそうとするものである。

長いスパンで中国をみる

軍隊には「かね」と「ちから」（権力および暴力）の問題がついてまわり、それらを客観的かつ冷静に分析するのがむずかしいためか、とくに現在の国際情勢にからむあたらしい時代になればなるほど、歴史研究者でもおもいきったことがいえないのが現状である。筆者もそれほど大胆不敵な提言ができるわけではない。しかし長年、近現代の軍事集団、とりわけ日本とかかわりがふかかった張作霖《ちょうさくりん》（一八七五〜一九二八）の研究をしてきたいきさつがあるため、その経験もいかして、中国独特の軍隊のありようを、日本や西洋とのちがいも意識しながら検討していきたいとかんがえている。

本書で解明可能な具体的課題を整理しておこう。第一に、中国では軍隊というものがいかに形成され、どのような性格をあたえられてきたのか、古代から順をおってながいスパンでとらえることである。これをあきらかにしないと、現在の人民解放軍にいたるまでの歴史的経緯や社会的背景がわからず、また軍事と表裏一体の関係にある政治の推移も理解できないからである。

第二に、とくに近現代史の焦点として、中華民国時代（一九一二〜一九四九）初頭の「軍閥」というものをさけてとおるわけにはいかない。これは、中央権力の空洞化や混乱にともなって、地方で割拠した私的な軍事集団である。と同時に、地方政治を左右し、中央権力をもうかがって、たがいに抗争する政治集団であった。

中央権力の安定と統一とが近代国家建設にかかせない以上、それらを妨害する「軍閥」は排除されなければならない、という理屈もなりたつ。ゆえに中国共産党にとって、「軍閥」は最初の打倒対象であり、その打倒は中国再統一と同義となっていた。端的にいって中国ナショナリズムの根源にあり、また日本が中国から敵視されている風潮があるとすれば、過去の敵について、それが打倒対象とされた経緯を理解することは、今後の衝突を回避・解決するみちにもつながるだろう。

以上のような問題認識にしたがって、軍事をひとつの核とする中国の歴史、そこから派生する政治・社会・経済上の諸問題を順々に照射していこう。

目次

黒龍江省
ハルビン
長春
吉林省
瀋陽
遼寧省
内モンゴル自治区
北京直轄市
寧夏回族自治区
陝西省
フフホト
天津直轄市
河北省
太原
石家荘
山西省
山東省
済南
銀川
西寧
蘭州
甘粛省
青海省
新疆ウイグル自治区
ウルムチ
チベット自治区
ラサ
鄭州
河南省
西安
江蘇省
合肥
南京
上海直轄市
四川省
成都
湖北省
武漢
安徽省
杭州
重慶直轄市
浙江省
南昌
長沙
貴陽
湖南省
江西省
福州
福建省
雲南省
昆明
貴州省
広東省
台湾
南寧
広州
広西チワン族自治区
海南島
海南省
⊙ 直轄市
○ 省都所在地
中華人民共和国全図

第一章　古代中世における「兵・財・民」

1 「兵農一致」のジレンマ

兵役は「納税」?

周代(前一一〇〇?~前二五六)においては、武器をみずから持参して兵役につくのが原則であり、貴族のみの義務であった。従軍が、特権身分の尊敬されるべき任務であり権利ですらあったという現象は、「くに」の規模が小さい古代においてはおそらく普遍的に見られるもので、西洋史でいえばギリシャとも共通する話である。

しかし、外敵の侵入を契機に都をうつした周の軍事力がよわまると、戦争が頻発《ひんぱつ》する春《しゅん》秋《じゅう》時代(前七七〇~前四〇三)となる。貴族だけでは軍事力が不足したため、平民による常備軍が編制された。ただしかれらには武器自弁《じべん》の義務はなく、かわりに「かね」を徴収するようになった。なおこうした常備軍は、平時も戦時も貴族が統率した。

つづく戦国時代(前四〇三~前二二一)には貴族の子孫が増加したため、本国で生計をたてられないものたちが、同盟国で寄食するようになった。かれらは戦時には軍を率いるものの、平時にもどれば軍を解いて、主君に返上するのがふつうであった。将軍職も、周代にくらべればもはや高貴な地位とはいえなくなった。いっぽう平民も、必要におうじてなんどでも徴発《ちょうはつ》され、徴発されないものは代償として、事実上の人頭税をおさめるようになった。

つまり古代中国では兵役と徴税とが表裏一体の関係にあったこと、武器持参を免除するかわりに、春秋時代からそれをおぎなう徴税がはじまったこと、また戦国時代における戦争の頻発と人員徴発の拡大につれ、徴発されない人員が、代償として「かね」をしはらうしくみへと変化したこと、この三点が重要である。納税を兵役のかわりにできるということは、いいかえれば、すくなくとも戦国時代以降の兵役は「ただ」で民をはたらかせる肉体労働と、ほぼ同一視されていたことになる。無償の義務からまぬかれる場合、有償＝納税へと転ずるのはごく自然なながれである。

まもる側の論理

この傾向は、前漢《ぜんかん》時代（前二〇二～後八）にはさらに顕著になった。まず兵役期間が二〇～五六歳と定められ、①正卒《せいそつ》として一年間の地方警備につく、②衛士として一年間、都の長安《ちょうあん》に上番《じょうばん》する、③一年間、辺境防衛に従事する、という義務がさだめられた。これはほとんど徴兵制度の原初形態といってもよいだろう。ただし、前漢時代の初期には②・③は多数を必要としなかったため、実役に服さない場合には「かね」でおさめることが可とされたし、最長でも生涯で三年間兵役をつとめればよかった。土地に拘束される農民に兵役を負担させ一定の兵員数を確保する、「兵農一致」とよばれる状況である。これを維持するためには、どの家に兵役従事可能なものがいるかを把握するための戸籍編成、また軍事費支給のベースとなる徴税がともなうことはいうまでもない。

しかしこの状況は、匈奴《きょうど》とのたたかいや版図拡大に尽力した武帝《ぶてい》(在位前一四一〜前八七)時代以降、しだいにくずれていくことになる。遠征の増加や防衛範囲の拡大につれ、一人につき最短一年・最長三年の兵役期間ではとうていまにあわなくなり、四年以上連続して従軍させなければならないケースが増えてきたためである。兵役免除期間をあたえられたもの、あるいは高齢により免除されたものも、肉体労働によって公的な無償奉仕をになわねばならなくなった。もっともこれはたてまえであって、「かね」でまぬかれる方法もあったという。

「兵農一致」の徴兵制度は、王朝側からすると兵員の確保だけではなく、徴税および肉体労働奉仕をも一括管理できる、いわば「兵財一致」である点でもメリットが大きかった(民は兵士供給源であると同時に、財源そのものであった)。土地と住民の状態に変動がなく、生産力が安定しているかぎり、これは有効に機能するだろう。また、兵役従事者は家計主持者であることがおおいので、彼らが最長三年間不在であっても、のこる家族が生計を維持

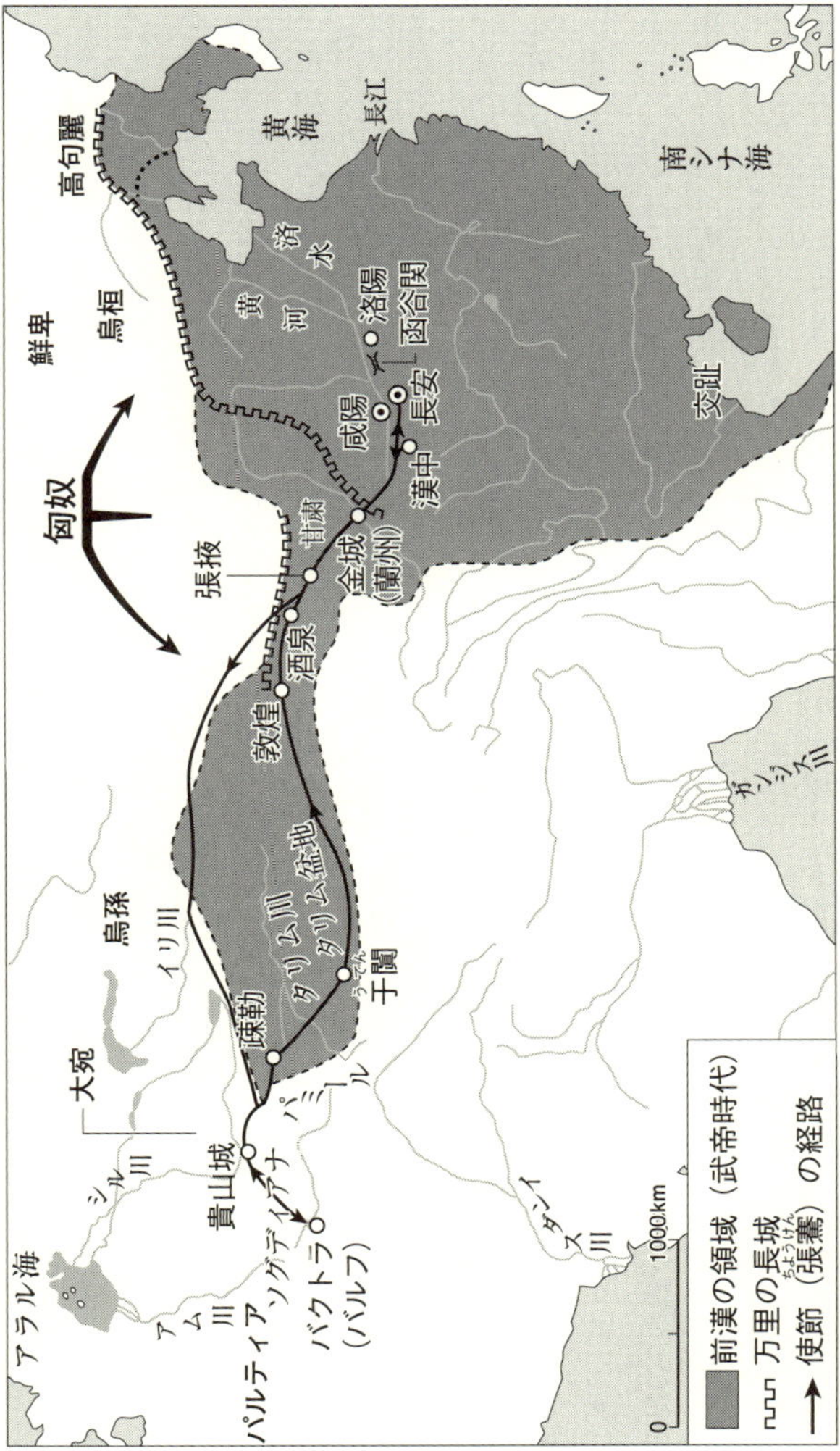

漢の武帝時代の使節派遣

し、かつ納税できる生産力がなければこの制度はなりたたない。

中国は、農耕を主とする定住民と、狩猟採集・遊牧を主とする非定住民とに大きくわかれて以来、食糧不足におちいりがちな後者が前者の農作物を欲してきた。平時には物々交換で手に入れるものの、窮迫《きゅうはく》すると、狩猟・遊牧でつちかった戦闘能力を発揮して掠奪《りゃくだつ》行為におよび、農民を誘拐し（自分たちの領域で耕作させるため）、あるいは農耕地への侵入というかたちで定住民を苦しめてきた。それがおおきな要因となって、定住民の武装がはじまったと考えられている。前漢時代までの軍事史は、いわば農耕定住民を「まもる」側の論理でもある。

農業技術の水準が低かった古代においては、おおくの人員をながいあいだ農耕に投入しなければ、じゅうぶんな収穫がえられなかった。いっぽうで、収穫物をねらう非定住民の侵入にもそなえなければならない。生産活動から完全にきりはなすことなく、防戦にも従事させるとなると、期限をきって兵員をあつめ、基本的な訓練をほどこして任務にあたらせるというのにも一理ある。ただし、「敵」は定住民にくらべてはるかに高度な戦闘能力をもっているので（騎馬にたけ、馬上からの騎射《きしゃ》・抜刀《ばっとう》で平地の歩兵を一掃できる威力をもつうえに、移動速度が速いので、戦況におうじた進退も自在である）、本格的な戦闘に投入しようとおもえば、どうしても兵役従事期間をながくしなければならない。そうなると、中心的なはたらき手をながく欠く農耕地が荒廃してきて、徴税がむずかしくなるというジレンマにおちいる。これは定住民を基本として制度をくみたてるかぎり、中国がまぬかれえない大問題であった。

前漢の武帝が遊牧民の匈奴になやまされ、ともに対抗しうる同盟相手をもとめて使節を中央アジア方面に派遣したこと、所期の目的ははたせなかったものの、使節がもたらした情報により、とおくローマにまでたっする交通路がひらかれ、東西交易がさかんになったことは、古代中国におけるかがやかしい成果ではある。しかしその内実は、定住民をまもり王朝を維持するための、安全圏の構築ではなかったかとおもわれる。

儒教理念のジレンマ

また前漢時代は、儒学が統治理念としておもんじられた時代でもあるが、これも王朝の性格を如実《にょじつ》にものがたっている。儒学でもっとも重要なのは、家族の結合を基礎においた社会秩序の維持と、それを尊重する為政者の「仁徳《じんとく》」である。家族とは、生計と先祖祭祀を一にする共同体であるから、その永続こそが為政者に課せられた最大の義務である。民が安心して生業をいとなめるように努力するのが為政者の徳政である、といいかえてもよい。

この論理にも、やはり非定住民との攻防にくるしむ定住民の立場がうかがえる。農耕定住民の生活を家族単位で安定させるには、できるだけながく農耕活動に従事させるにこしたことはない。しかし収穫物をねらう外敵の侵入と農耕地の防衛は、つねにさけられない問題であり、じゅうぶんに安全を確保するためには兵力を増強しつづけるしかない。兵力増強のためには、兵役従事期間をながくしなければならず、そうすると農地は十全には維持できない——王朝が農耕民からの徴兵にこだわりつづけるかぎり、解決策のない問題のようにおもわれる。

「まるがかえ」の反動

ところが皮肉なことにこの問題は、王朝（ないし皇帝）が、最終責任を負わなければ解決するのである。つまり、王朝（皇帝）直属の兵にこだわらなければよい。そうなる一因は、じつは農耕社会の特質からみちびきだすことができる。

農作物がもたらす内的変化としてよく指摘されるのは、富の偏在と社会的格差の問題である。特に主食となる穀物は腐りにくいため、大量かつ長期間の保存が可能であり、それだけでも格差は生じるが、栽培だけではなく貯蔵や分配にたけたものほどゆたかになれるため、貯蔵・分配のありようも格差を拡大する要因になる。また農耕には人手もかかるから、ゆたかなものほど他人をつかって自分の耕地をたがやさせる。あるいは、耕地を維持できなくなったものからそれをあつめて、しだいに大土地所有へとのりだすようになる。富めるものどうしの戦いを勝ちぬいたものが「王」となる。忠誠を誓った臣下に王が領地をわかちあたえて、戦時にはかれらを協力させるしくみを「封建《ほうけん》（制度）」といい、中国では周代に確立したといわれる（ときに反逆する大土地所有者＝「豪民」もいるし、中小規模の自立した農耕民もいるが、全体として王朝がゆるやかに把握しているという状態である）。

群雄乱立の戦国時代をおわらせ、はじめて「皇帝」が出現した秦代（前二二一～前二〇六）以降、最高権力者に最強・最大の兵力を集約し、内乱をおさえつつ外敵の侵入にたちむかおうとするのは当然であり、安定した生産量をあげる、農耕民を基準にした兵制が最初に構築されたのも、つきつめれば皇帝の兵力を万全にするためといってよい。しかし直属軍は皇帝にとって安心な存在である反面、いままでみてきたように、「まるがかえ」するかぎり、維持する経費の問題と、「銃後」の家族の問題とがついてまわった。

前漢の武帝時代は、極限まで「まるがかえ」による強兵策をとったといえよう。しかしその反動として、耕地の荒廃から流民が発生し、納税を負担できる農耕民が減ったことで財政難におちいり、負担できるものに過重な負担を強いたためにまた流民が発生し、やがて社会不安を醸成するにいたった。流民のままで生涯をおわるもの、暴力的な集団を形成して王朝にさからうものももちろんいたが、「豪民」の庇護《ひご》下に入り、その小作人として生計をたてるものも出てきた。漢代の徴税は、一戸あたりの家族の人数から算出された基準でおこなわれたので、土地面積や収穫量・労働供給量(小作人もふくめた)などの実態からははなれており、「豪民」にとっては相対的に負担がかるかった。そのため前漢の統治能力がおとろえるにつれ、内外の掠奪者からの防衛は、余裕のある「豪民」の任となっていったのである。

軍縮政策

前漢はけっきょく、外戚《がいせき》(皇后の親族)・王莽《おうもう》(前四五～後二三)の権力奪取によって断絶する(後八年)のだが、権力を奪取されるということは、皇帝権力が空洞化し、奪取を阻止できる力もなかったということになる。王莽は「新《しん》」という王朝をたて、社会の変化とはあわない極端な復古政治をおこなったために、「豪民」の反発によりたおされた。後漢の創始者・劉秀《りゅうしゅう》(光武帝《こうぶてい》、在位二五～五七)こそは、この「豪民」の代表格であった。よって彼による漢王朝再興事業には「豪民」の意向がつよく反映されたし、彼自身も積極的に「豪民」を利用しようとした。

そのあらわれの一つが、いまふうにいえば「軍縮政策」である。先述したように、前漢時代におもんぜられるようになった儒学は、後漢でも重視された。というより、前漢の皇室・劉氏の同族を称する光武帝は、漢朝の再興をめざして蜂起した以上、儒学の政治理念を死守しなければならなかったといえるだろう。

光武帝は、儒学が理想とする「尚文偃武《しょうぶんえんぶ》」（文化・学術・制度を尊び戦争をやめる）と「修徳《しゅうとく》安民《あんみん》」を実現するため、民から兵役義務を解除し、大幅な兵員削減をおこなった。その結果、後漢初期には皇帝に反逆をたくらむ「豪民」はいなくなった。「豪民」はむしろ皇帝権力に依存し、そこからえられる特権を享受しようとした。皇帝は地方警備軍によって彼らを威圧するよりも懐柔政策をとり、地方の警備を「豪民」にまかせるようになった。「豪民」と皇帝との相互依存関係は以後数代、およそ一〇〇年のあいだは持続したが、けっきょく中央軍備の弱体化をみて地方「豪民」がまた擡頭《たいとう》するようになった。そのときに王朝が軍備再強化をはかろうとしても、兵役免除になれた農民はこれに応じようとせず、兵役拒否者が続出したため、後漢の衰亡と三国《さんごく》時代（二二〇〜二八〇）以降の混乱をまねいた。

後漢においては、財政負担のおおきい地方軍備を「豪民」にゆだねて、皇帝が楽になったことはたしかだろう。しかし、直轄軍《ちょっかつぐん》のすくない皇帝の権威はどうしても低下する。そうなると、皇帝が保障する特権や地位にも以前ほどのおもみがなくなる。皇帝に利用価値なしとみた「豪民」がたちまち擡頭し、制御不能な状態におちいる。皇帝が直轄軍を増強しようにも、兵役免除があたりまえになっている定住民は徴兵をきらうようになっており、もはや「豪民」には対抗できない。かくして「兵農一致」のジレンマは、有効な解決策を見いだせないまま次代にもちこされた。

2 「兵農分離」という出口

曹操の「大転換」

「兵農一致」を維持しようとすれば財政破綻の危険があり、それを回避するために皇帝直轄軍を削減すれば内乱をふせぎえないという、古代中国におけるジレンマは、かの『三国志《さんごくし》』で有名な、曹操《そうそう》（一五五～二二〇）のとった「兵農分離」政策により、出口を見いだすことになる。曹操は、①流賊の投降奨励、②自分の根拠地に流入した避難民の強制的徴集、③投降兵および新たな占領地住民の強制的徴集、④各地から参集した有力者の私兵をそのまま保有させ、一部は中央軍に改編する、などの方法で兵力を拡大した。しかしこれらの方法には、大きな問題が二つあった。

第一に、特に④に顕著であるが、配下の私兵にたよるということは、兵のみならずその供給源たる民にたいする、彼らの私的支配をも黙認せざるをえないということである。つまり、曹操自身による一元的な徴兵はなかなかできない。第二に、①から④のいずれでも、兵力の恒久的安定・維持ははかれない。戦死・負傷・老病などで自然に減少する兵力と、敵軍や故郷に逃亡してうしなわれた兵力とを、じゅうぶんにおぎなうことができないからである。

曹操は自軍を安定させるために、兵士とその家族を「兵戸《へいこ》」として、一般民（「編戸《へんこ》」）とは別のあつかいにした（独身の兵士にはむりやり妻帯させてまで「兵戸」をつくった）。彼らに生活保障をあたえ徴税を免除するかわりに、永代《えいたい》（父子ないし兄弟間でかならず欠員をうめる）の兵役義務を課し、兵士が逃亡した場合、あるいは反乱をおこしたさいには家族全体に重罰をくだすことにした。これは中国軍事史上、画期的な変化であった。

曹操

まず、兵士家族に連帯責任を負わせたことで、家族を人質にとられたも同然の兵士はかんたんに逃亡、ましてや反乱をたくらむことはできなくなる。つぎに為政者側からいえば、兵員補充も家族単位であるため、欠員をうめるのに四苦八苦する必要はない。それまでの「兵農一致」方針を

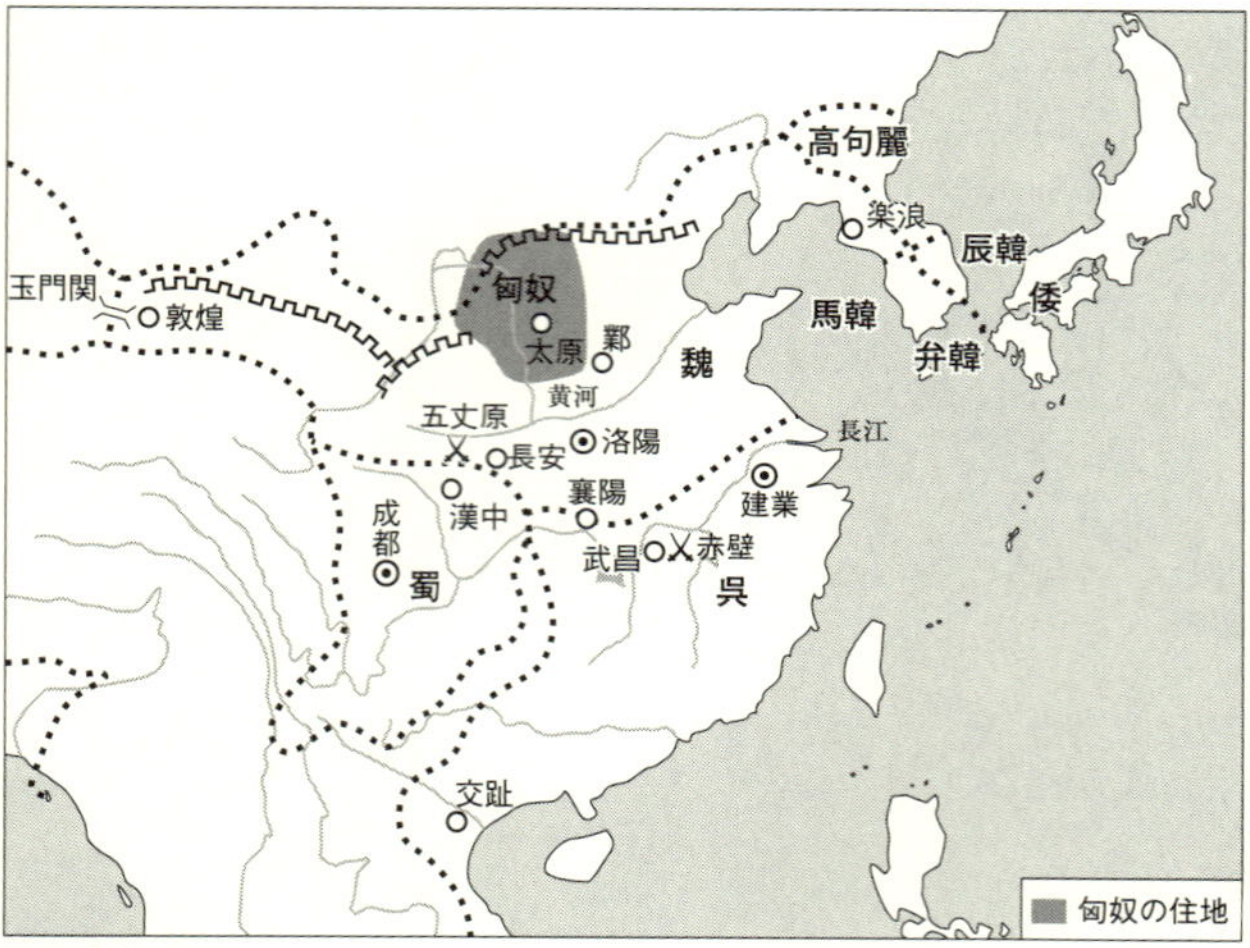

三国時代

放棄し、「兵農分離」を断行したことで、中国ははじめて兵員の固定的供給源を確保できたのである。

しかし特別な待遇をあたえられた「兵戸」も、けっして特権層にはなっていかなかった。一般人とは戸籍が区別され、生まれながらに家族もふくめて戦闘要員として拘束され、農耕定住民になれないかれらは、特殊な境遇ゆえにかえって蔑視《べっし》されるようになる。

募兵のはじまり

北方の非定住民が勢力を拡大して、定住民およびこれに依存する支配者たちを南方におしやると、前者が北朝・後者が南朝というかたちに分裂し、南北朝時代（南朝、四二〇〜五八九。北朝、四三九〜五八一）に突入した。とくに北朝では、兵戸への蔑視と待遇悪化がはなはだしくなり、それを不服とする兵戸の反乱があいつぐようになる。北朝でもっとも国力が充実していた北魏《ほくぎ》（三八六〜五三四）が東西に分裂してしまうと、東魏《とうぎ》では反乱防止のため彼らを優遇したが、西魏《せいぎ》は東魏ほどには兵戸を確保できなかったこともあり、一般民からの徴兵を再開した（これが府兵制《ふへいせい》の創始とされる）。いったん「兵農分離」にふれた振り子は、ふたたび「兵農一致」にもどる可能性をひめていたことになる。この回帰傾向は、後継した北周《ほくしゅう》（五五七〜五八一）、南北朝時代をおわらせた隋《ずい》（五八一〜六一八）をつうじてしだいに明確となり、後述する唐《とう》代（六一八〜九〇七）の府兵制として結実する（第3節参照）。

いっぽう、短期間に六つの王朝が交代した南朝では、兵戸だけでは軍事力が不足したため、補助兵力を募集するようになり（これを「募兵《ぼへい》」という）、やがて募兵が兵戸をうわまわった。募兵は年限をきって従軍させるうえ、納税や無償労働の一部が免除され、勲功によっては退役後にもそれらの減免措置があったので、応募する側にはゴールがある安心感と、すこしは税役負担が軽くなるメリットと、いささかの功名心がくすぐられる側面があっただろう。王朝側も、必要におうじて柔軟な動員が可能になる。とはいえ募兵におうずるのは生業のないものや、納税と無償労働からのがれたい困窮者が主であるから、流賊にたいする投降奨励策があった後漢末と、兵士の供給源はあまりかわらない。ともあれ本書「はじめに」に述べた旧時の有名なことわざ（「まっとうな人は兵にならない」）があらわしている状況は、起源がひじょうにふるいことだけはたしかである。

また後漢末からふたたび擡頭した「豪民」は、南北朝時代をつうじて強固な自衛能力をもっていたが、その力は私兵にささえられていた。私兵は平時には主人である「豪民」一家の護衛をつとめ、戦時には従軍して、つねに「豪民」と行動をともにし、その命令を遵守《じゅんしゅ》した。主人に隷属しているという意味では自由がないわけで、兵戸や募兵同様、かれらも社会的には差別される存在であったようだ。

以上、古代中国のジレンマであった「兵農一致」が、中世になると「兵農分離」という出口を見いだしたことがあきらかになった。しかしその反面、兵戸が兵員供給源として固定され、農耕民になれない不自由さをもつがゆえに蔑視されたこと、さらには兵戸の欠点と不足とをおぎなう募兵制度が、生業なきものや困窮者の受け皿としての兵士身分をつくりだしたという、あらたな展開をみてきた。他者への隷属が蔑視の原因になる点では、「豪民」に服従する私兵もおなじである。

戦乱がつづき社会が不安定なときには一般民も流動化しているので、大量の兵員をかれらから徴集しつづけるのはむずかしい。しかし社会が小康状態、ないしは安定した統一王朝の支配下におかれた場合、いわば「平時」の軍隊に回帰しようとすることは予想できる。中国の場合、それは「兵農一致」モデルであった。

3　府兵制とその挫折

漢への「回帰」

隋の文帝《ぶんてい》（楊堅《ようけん》、在位五八一〜六〇四）は、北朝最後の王朝である北周の外戚《がいせき》であった。唐の高祖《こうそ》（李淵《りえん》、在位六一八〜六二六）はもともと隋の臣下であり、文帝をころして即位した息子の煬帝《ようだい》（在位六〇四〜六一八）の失政にじょうじて挙兵し、煬帝が暗殺されたあと即位した。つまり隋・唐両朝は、ともに非定住民が農耕定住民を支配するかたちの、北朝の系譜をひく王朝であった。

のちの遼《りょう》（九一六〜一一二五）・金《きん》（一一一五〜一二三四）・元《げん》（一二七一〜一三六八）・清《しん》（一六一六〜一九一二）にも共通することだが、非定住民は定住民を永続的に支配しようとするとき、定住民社会の制度や文化、前例をかならず重視する。戦闘や一時的占領ならば武力で圧倒することもできるが、統治・支配には経済・社会の問題もからむから、そう単純には

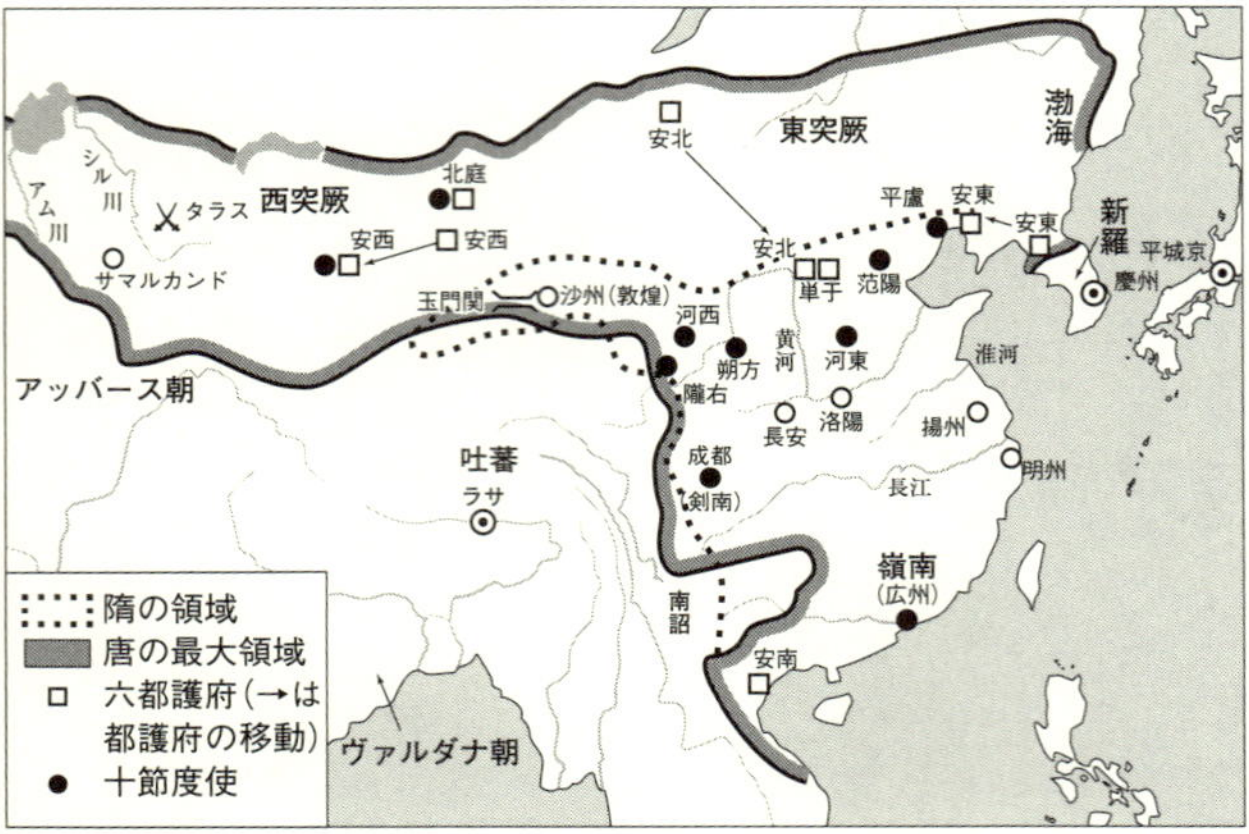

隋、唐の領域

いかない。狩猟・遊牧民の統治には複雑な統治機構はあまり必要なかったが、定住民にはまず、貯蔵可能な農産物をめぐる分配や処理の問題がある。さらに、土地や水やはたらき手などをめぐるもめごとと、その解決方法を記録して、のちのち同様の紛争がおきたときの参考にする必要がある。中国の場合は表意文字《ひょういもじ》としての漢字が独自の発展をとげ、儒学に代表される体系的な思想と、記録の学としての歴史がうみだされ、それらを基礎として定住民が統治されてきたのであるから、非定住民も、漢字・儒学・歴史を無視するわけにはいかなかったのである。

さらにいえば、移動生活をしてきたひとびとにとって、複雑な意味内容を正確に表現できる漢字、および儒学や歴史は、統治の道具というにとどまらず、英知の結晶・指針をしめす光明にもみえただろう。うまくとりこむつもりだったのが、だんだんとそれらなしではすごせなくなったというほうが正確かもしれない。

さて話を唐にもどすと、この王朝は北朝歴代および隋の統治経験を継承したのみならず、古代の全盛期を創出した漢代にならおうとする傾向がつよかった。かんがえてみれば、後漢末から隋が中国を再統一するまで四〇〇年以上ものあいだ、中国では戦乱がたえず、定住民の流動化と社会不安がおさまらなかった。隋のあとをうけた唐が、平時の理想的統治モデルとして参照できるのは漢代しかなかったといっても過言ではないだろう。

北朝の西魏において、一般民からの徴兵が再開され、これが府兵制のはじまりとされていることは前節で述べた。唐はさらに漢代の兵制をも参考としながら、前代とはことなる府兵制をつくりあげていった。

唐の府兵制は、地方官庁から独立した軍府《ぐんぷ》（折衝府《せっしょうふ》）のもとで、経済力と身分の保障された府兵を統括し、軍務をすみやかに遂行させるという意図で構築された。府兵の経済力と身分とは均田制《きんでんせい》によってささえるかわりに、兵役従事の費用は原則自弁とした。均田制は、府兵制と表裏一体の重要な制度であるから、それが成立した背景をすこしくわしくみておこう。

均田制のこころみも……

前漢の武帝期をさかいとして「兵農一致」政策がゆきづまり、さらに家族のあたまかずを基本とする徴税では、大土地所有をすすめる「豪民」の富にみあった税額をとりたてることができず、結果的に財政破綻と王朝崩壊をまねいたことは先述した。農耕民が流動化した魏晋南北朝時代には、土地面積の正確な測量や、ましてや収穫高の算出などはきわめてむずかしい状況になっており、もっとも単純かつ確実な、家族のあたまかず本位の税制を変える契機はおとずれなかった。しかしそれでは「豪民」の大土地所有、およびその富にささえられた、私兵をかかえる軍事力の拡大にはどめをかけることはできず、王朝の財源と軍備は貧弱なままである。この状況を打開するためには、まずは王朝が直轄地《ちょっかつち》とそれをたがやす民とを確保し、そこから徴税するのが先決である。民が兵士供給源と財源とをかねる以上、財源としての民からおさえていかなければ軍備も強化できないからである。

均田制はその名のとおり、成年男子（二一〜五九歳）に口分田《くぶんでん》（八〇畝《せ》、約四・六ha）と永業《えいぎょう》田《でん》（二〇畝、約一・一ha）を支給するのを原則とする。前者は、本人が死亡するか六〇歳以上になると王朝に返還しなければならず、後者は世襲してよいことになっていた。租庸調《そようちょう》制《せい》とならんで古代日本がとりいれた制度なので、名称になじみのある読者も多いだろう。

このように唐においては、均田制で農耕民の生活を保障しつつ確実に徴税し、なおかつ府兵制によって経費自弁の兵士を徴発するという、成功すれば「兵農(および財)一致」の極致、漢代全盛期の再来、あるいはそれ以上になりうるかという政策がとられた。唐は兵制とそれをささえる税制や土地制度にかんしても、漢代を理想とする復古主義ともいうべき統治理念をもっていたのだ。

しかしあまりに復古主義的な政策は、いつの時代でもうまくいかないものであり(先述した王莽の新は周の制度にもどそうとして失敗した)、唐も例外ではなかった。具体的に失敗の原因をみてみよう。

1、都である長安、および洛陽《らくよう》周辺に軍府を集中させすぎた。唐代において、これらの地域は民のおおさに対して土地がすくなく、生産力も低かった。都を防衛するのが最重要課題とはいえ、生産力のひくい地域から府兵を多数徴発した結果、過剰な負担を上記の地域に強いて、さらに生産力を低下させることになった(軍府は唐の全域に均等に配置されたわけではなく、防衛重点地域に集中的に配置されたため)。

2、特に則天武后《そくてんぶこう》時代(武后は六九〇年に即位、国号を「周」とあらため、七〇五年まで唐朝を中断させた)以降における、官僚の規律のゆるみや中央官偏重により、遠隔地ほど左遷人事となった。そのため、行政官が政務・軍務にはげまなくなった。

3、官庁や軍府のおさえがきかなくなったためもあって、あからさまに「かね」にものをいわせて兵役を回避するものがでてきた。
4、編戸《へんこ》（一般戸籍にあるひとびと）の増加にたいして土地の供給がおいつかず、玄宗《げんそう》（武后時代をおわらせ唐朝を復活。在位七一二～七五六）時代には均田制が事実上崩壊した。とくに耕地面積にたいして人口過剰の地域では、支給する耕地をちいさくしてもうまくいかなかった。

「まるがかえ」の限界

さて漢代の栄光をよみがえらせることを理想としたかにみえる唐は、武帝と同様に、周辺諸族の制圧にも熱心であった。第三代の高宗《こうそう》（在位六四九～六八三、則天武后の夫）時代には西域《さいいき》・モンゴル方面を平定し、現在のヴェトナム北部を服属させ、朝鮮半島の新羅《しらぎ》とむすんで百済《くだら》・高句麗《こうくり》をほろぼした（日本史でいう白村江《はくそんこう》の戦い〈六六三年〉は、唐と新羅に対抗した、日本と百済が敗れた戦いである）。

勢力圏拡大は安全圏拡大にもつながるから、いちがいにわるいとはいえないが、それを維持するには莫大な労力がかかる。唐は、制圧した諸族の中心部に都護府《とごふ》・都督府《ととくふ》をおき、中央から官僚や軍隊を派遣して監視した。この軍隊が府兵制によるものであり、勢力圏維持を念頭において、兵制をささえる土地制度としての均田制が想定されていることはいうまでもない。

しかし漢の武帝とおなじく、あるいはそれ以上に、「銃後」の家族の生活保障を「まるがかえ」しようとした唐は、漢代後半期同様の衰亡をやはりまぬかれられなかった。先述の四点にくわえ、そもそも王朝が兵・財・民をまるがかえすることじたいに無理があったというべきだろう。前漢が王莽による政権奪取によっておわったように、唐も則天武后による政権奪取によって中断した。

両税法―税制の大改革

武后から権力をとりかえし、唐を再興したのは（楊貴妃《ようきひ》とのロマンスで名高い）玄宗である。彼の治世前半期はその元号をとって「開元《かいげん》の治《ち》」と称賛されるほど充実した時代であり、第二代・太宗《たいそう》（在位六二六～六四九）の善政「貞観《じょうがん》の治」とならび称される。しかし治世後半期の怠慢と楊貴妃への耽溺《たんでき》、およびその一族への異常なまでの厚遇から、寵臣《ちょうしん》・安《あん》禄山《ろくざん》とその部下・史思明《ししめい》による安史の乱（七五五～七六三年）をひきおこし、楊貴妃は殺され玄宗も退位して、以後の唐は衰退の一途をたどった――というのが一般的に知られている図式だろう。

玄宗およびその周辺の人間関係のみを見れば、たしかに前段の図式はえがけるが、武后による中断から復活できた唐が、皇帝個人の怠慢とそこからしょうじる愛憎だけでほろびるほど軟弱だともおもえない。より根本的な問題をかんがえるのが、歴史学の醍醐味《だいごみ》というものである。

先述のごとく、則天武后の夫・高宗の時代におけるひんぱんな遠征と版図拡大によって、都護府・都督府をおいて勢力圏を維持する必要があったところからかんがえてみる。その後、則天武后が即位して唐朝が中断した影響により、都護府・都督府の諸族監視機能がにぶり辺境防衛も弱体化した。のみならず中央・地方の行財政も混乱したために、均田制の運用がままならなくなり、流民の大量発生と、府兵制下での負担をきらう兵役拒否者(および脱走兵)による治安の悪化が、社会不安に拍車をかけた。

流民を救済し、辺境防衛再建を優先するために、玄宗は府兵制堅持にはこだわらず、高宗時代からあった「軍鎮《ぐんちん》」を積極的にふやし、統括者としての節度使《せつどし》(藩鎮《はんちん》)をおき、「健児《けんじ》」という名の兵をつのった。流民救済策としての募兵であるから、兵士に費用自弁をもとめるわけにはいかない。そうなれば公的に支給しなければならないが、武后時代の混乱を克服したばかりの唐朝に、じゅうぶんな準備はなく、節度使の裁量にまかされるようになった。節度使には財政権や軍隊指揮権だけではなく、人事権や行政権もゆだねられた。

節度使が中央の統制をはなれる素地は、安史の乱以前からあったことになる。

府兵制が募兵制へとかわっていくにつれ、兵制をささえる土地制度や税制も、安史の乱後の徳宗《とくそう》（在位七七九〜八〇五）時代にみなおされ、両税法《りょうぜいほう》へと変化していった（七八〇年）。均田制がいわば土地公有をたてまえとする制度であったとすれば、両税法は、土地私有拡大と民の流動化を追認し、原籍地ではなく現住地での課税にきりかえたものである。資産におうじての戸税と、耕地面積による地税とをはしらにして、年二回（夏六月・秋一一月）の銭納にかえたところにおおきな特徴がある。

後世、名称や形態は若干変化していくが、現住地課税・資産と耕地面積を本位とした徴税・銭納といった基本は、一六世紀までほぼ踏襲された。両税法が募兵制への転換と連動しておきたことを考えれば、王朝が「兵・財・民」を一元管理する時代のおわりにもみえる。

悪循環はおわらない

ではこれで唐朝はながらえたかといえば、そうではない。安史の乱後も軍鎮は存続したし、辺境防衛だけではなく、反乱防止のため内地にまで設置されるようになった。軍鎮がふえれば募兵もふえ、兵士に支給する費用は王朝も節度使も民から徴収するしかない。過剰な負担にたえかねた民の流動化はおさまらず、それをまた募兵によって吸収し、募兵に支給する費用は……というように、悪循環になんらかわりはなかった。

なお安史の乱後の軍隊は、

1、親随《しんずい》（ないし親従）部曲《ぶきよく》＝節度使の私兵、軍鎮の中核部隊

2、官健＝吸収した流民を中心とする、1につぐ軍鎮の主力部隊（玄宗時代の「健児」と同質とみてよい）

のほかに、

3、義軍＝住民による自衛組織

4、団練《だんれん》＝郷土防衛に強い、農耕民中心の集団

がめだってくる。全体としては、防衛におもきをおく傾向があった。

節度使がやしなう義務をおうのはおもに1と2ということになるが、その財源については単純に民から徴収しただけではなかった。とりわけ重要とかんがえられるのは、以下の二点である。

1、影庇《えいひ》（影占《えいせん》）＝軍鎮・府州の職掌人《しょくしょうじん》（官吏ではないが公職にたずさわるもの）と、節度使配下の軍人には徴税免除の特典があるため、「豪民」は名義をこれらにうつして特典を享受する。返礼として節度使に贈賄《ぞうわい》するか、逆に、節度使が名義をかれらにあたえて収賄《しゅうわい》する

こともあった。このように、特典つきの名義にたいする贈収賄を、影庇または影占という。

2、店舗・倉庫への出資または直接経営。農耕定住生活は、収穫物の貯蔵と分配による富の偏在をうむことは本書ですでに指摘した。商売の形態もしくは投資先として、貯蔵・分配（販売を含む）が「もうかる」ことは、時代がくだってもかわらないというわけである。

財源を得るための売官行為や贈賄を期待した特権のばらまき、商業への寄生といったことは王朝（および正規の官僚）もしばしばおこなう。むしろそうした「うまみ」をなくし、王朝がすべてを正規税として徴収しようとしても、「兵・財・民」の一元管理がつねに挫折するのと同様の壁にぶつかりかねない。そうかんがえると、中国でいまだに官僚の汚職が一掃されず、官僚が副業で巨万の富をえているという話は、あんがい根がふかい。

こうした強大な財源と権限、および募兵による軍事集団をもち、軍鎮を支配下において自立しうる節度使が、中国中世末期には確立していた。しかしいっぽうで、皇帝との関係をみてみると、かれらは皇帝の私的財産（内蔵庫）への上納金により格づけされたため、たんに養兵のためだけではなく、皇帝へ上納するために、徴税・影庇・副業によって「かね」をうみだしていたことも、現在までの研究でおおむねあきらかになっている。

つまり唐末の節度使は強大化するものの、皇帝への依存度をふかめるものがおおくなっためめ、中央から自立する志向をもつものは、安史の乱をさかいとしてほぼいない。それ以降にめだつ軍事的な混乱は、軍鎮の内紛や軍鎮兵くずれ（募兵のなかから脱走したもの）による反乱がおもな原因である。

唐末五代という時代は、王朝の権威低下と社会の流動化にともなって中国の兵制・税制がおおきく変化し、地方軍事勢力がふたたび擡頭した時代である。と同時に流動性がたかく、内乱が多発する社会に適した諸制度が模索された時代であるともいえる。この時代に連続する近世においても、そのさきにつながっている近代においても、中国が堅固な中央権力を保持できた時期はあんがいみじかい。とすれば、社会の流動性と内乱とを前提とした唐末五代の様相は、なにかのかたちで後世に継承されたか、あるいは「復活」したのではないか。現段階ではこれは仮説としておくが、宋・元・明・清・近現代と話がすすんでいっても、唐末以降のおおきな変化について、おりおりにおもいだしていただければさいわいである。

第二章　近世の新潮流

宋による再統一

　唐代末期、節度使下の募兵の増加は増税と連動し、民をますますくるしめた。困窮者は募兵として吸収され、のこった民の負担が過剰になるという悪循環は、両税法の実施によっても根本的には解決しなかった。このような状況におちいると、もっと徴税しやすいものに王朝は着目する。唐のばあいは塩であった。人間の生存にかかせないものゆえに、その専売は貴重な財源だったのである。

　しかし塩価があまりにもたかくなると、民は官塩を買おうとはせず、不法な私塩に手をだすようになる。結果的に塩のやみ商人がちからをもつようになり、そのうちのひとり・黄巣《こうそう》の反乱（八七五〜八八四年）が、唐朝滅亡のひきがねとなった。

　この反乱じたいが唐をほろぼしたわけではないが、反乱を鎮圧した朱全忠《しゅぜんちゅう》が皇位をうばい、貴族らをころして後梁《こうりょう》を建国し（九〇七年）、唐は三〇〇年弱の歴史をとじた。以後、宋が再統一するまで（九六〇年）、華北では後梁もふくめて五つの王朝が交代し、華中・華南では一〇の地方政権が出現するという、南北朝時代さながらの分裂状態となるので、歴史学では「五代十国《ごだいじっこく》」とよぶ。

　さて宋の再統一にさきだち、北は現在のモンゴルから中国東北地方、西は新疆《しんきょう》ウイグル自治区あたりにまで大勢力をはった契丹《きったん》族が、九一六年に国をたて九四七年に「遼《りょう》」と改

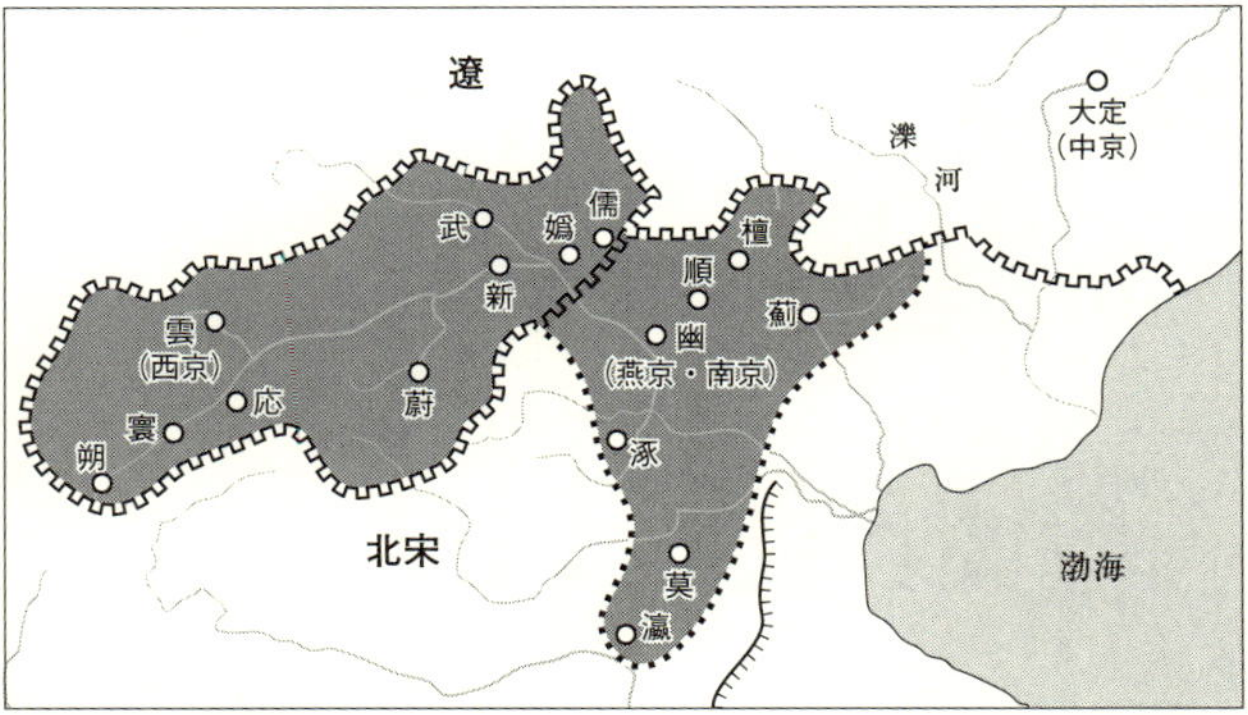

北宋、遼と燕雲十六州

称した。五代の三つめにあたる後晋《こうしん》は、契丹とむすんで前朝の後唐《こうとう》をほろぼしたが、そのみかえりに、いわゆる燕雲十六州《えんうんじゅうろくしゅう》（現在の北京《ペキン》や山西省《さんせいしょう》を中心とする地域）を割譲する（九三六年）はめにおちいった。この地域は、北方諸族が南下するのにかならずとおる、要衝《ようしょう》の地である。ぎゃくにここをあけわたしてしまったということは、定住民の生活がさらにおびやかされ、また統一王朝があらわれても、巨大化した北方勢力とさいしょから対決しなければならないことを意味した（そもそもこの領域を欠けば軍事的に不利であり、萎縮した形でスタートすることにもなる）。

宋の太祖《たいそ》・趙匡胤《ちょうきょういん》（在位九六〇〜九七六）は、五代さいごの後周《こうしゅう》の節度使として契丹討伐戦にむかうとちゅう、このいくさをきらった部下たちからおされて、主君である後周にさからうかたちで即位した。それでも宋朝は、遼という強大な勢力にたちむかう困難に、はじめから直面することになったのである。

1　北宋時代の特色

平和の代償

先述の燕雲十六州問題は、第二代の太宗《たいそう》（在位九七六〜九九七）時代にもちこされた。しかし太宗は、二度も奪還をこころみたもののいずれも失敗におわった。さらに第三代・真《しん》宗《そう》（在位九九七〜一〇二二）の時代になると、一〇〇四年に南下した遼の大軍になすすべもなく、盟約（澶淵《せんえん》の盟）をむすぶはめにおちいった。宋を兄・遼を弟という名目にはしたが、宋はまいとし莫大な銀と絹（＝歳幣《さいへい》）を贈って、平和の代償とせざるをえなかった。

宋を軍事的・財政的に圧迫したのは遼だけではない。宋からみて西北方面に勢力をはっていたタングートもそうであった。もともと現在の四川省《しせんしょう》西部近辺に居住していたタングートは、チベット系の吐蕃《とばん》におされてさらに西にうつっていたが、宋の軍事力弱体化をみて第四代・仁宗《じんそう》（在位一〇二二〜一〇六三）時代の一〇三八年に、「大夏《たいか》」（一般に「西夏《せいか》」の名でしられる）と称する王国を樹立した。「大夏」もしばしば宋に侵攻したため、一〇四四年に和議をむすび、「大夏」が宋に臣下の礼をとることを条件に、宋はやはり歳幣を贈るようになった。

遼・「大夏」にたいする歳幣の負担にくわえて、軍事費の増加も宋朝の財政を圧迫した。宋朝は、節度使のもとにあった兵力を回収して、名目上は皇帝直轄の禁軍に一本化し、定期的あるいは必要におうじて地方に出して交代させる制度をとっていた（禁軍に吸収できなかった地方軍は「廂軍《しょうぐん》」として再編され、各地で雑役・土木工事・税糧運搬などに従事した）。禁軍は当初二〇万弱だったが、遼・「大夏」との対立がつづくうちに真宗時代には四三万、仁宗時代には八十数万へと増加し、かれらへの給与（とくに糧米）支給をいかに確保するかは大問題であった。

そのため、仁宗時代には「大夏」と対峙《たいじ》する西北辺境の軍隊において、現地で募集し給与（糧米）調達を自軍で解決させる、「就糧軍《しゅうりょうぐん》」が登場する。民間兵力や現地諸族の兵力も昇格利用され、これらを整備して「宣毅軍《せんきぐん》」と名づけた。一〇四五年には一一万人もいたという。

王安石の改革

とはいえ軍事費・歳幣支出に起因する財政難は深刻であり、その背景にある軍事・行政・経済・社会構造全体にもメスを入れなければ解決困難であった。それを実行しようとしたのが、第六代・神宗《しんそう》（在位一〇六七〜一〇八五）時代における王安石《おうあんせき》の改革（「新法」、一〇六九〜一〇八五年）である。

王安石

この改革は多岐にわたり、また王の辞職・引退（一〇七六年）後もつづき、政争の具ともなり、廃止と復活をくりかえすので、その全容をのべるのは容易ではない。しかし遼・「大夏」と対峙する北辺・西辺の軍隊に、安定した軍需をもたらすことが、軍事上では最優先の課題であったとかんがえられる。歳入全般の好転も重要ではあっただろうが、よりピンポイントの補給と現物の確保が喫緊の課題であった。

たとえば「青苗法《せいびょうほう》」は、王朝が低利かしつけで農民を救済しようとした政策であると一般的には説明されるが、当初は現金でかしつけながら穀物でかえすように求めていること、実施地域が華北に集中していることから、王朝が商人を仲介させないで穀物を買いあげ、軍糧にあてる意図があったととれる（ただし後年には現金での返済もみとめたため、軍糧確保の面は徐々にうすれる）。また華北を中心に実施された「保馬法《ほばほう》」は、資産におうじて馬をやしなわせ、軍馬として供出させようとするものだった（みかえりに税制面での優遇措置をとる）。

王の改革は、王朝の統制力をたかめ財政危機から脱出しようとはかった点では成功したといえるものの、民間の自由な経済活動（とくに商業・金融業・運搬業など）を抑制する側面をもち、また既得権益層と官僚機構にもメスを入れようとしたため、これらに属するひとびとからの猛反発もあって、広範に持続させていくにはやはり無理があった。中国はまたしても王朝による「兵・財・民」の一括統制をこころみ、それを局地集中的におこなって成功をおさめるという解決策を見いだしたものの、全国的改革にのりだすにはまだちからがたりなかったといえるだろう。

「兵匪一体」

さて神宗時代には地方軍に将兵制があらたにあらわれ、じゅうらいの制度に立脚する部隊はへっていった。禁軍から一定数を選抜して地方に派遣するのがじゅうらいの制度であったから、王朝の軍糧負担は多大であった。そのため仁宗のころから、現地募集・現地調達を原則とする部隊（「就糧軍」＝「宣毅軍」）が登場したことは先述したとおりだが、けっきょくは生活困窮者の吸収先となりやすく、質の低下と逃亡による兵の減少はさけられなかった。かといってじゅうらいの制度にもどすわけにもいかず、神宗時代には「就糧軍」の再生・強化がはかられた。それが将兵制である。

皇帝直轄の軍隊を最大・最強・唯一の武力とするか、それとも、広大な領域をまもるために兵権を分散して、募兵や軍糧調達をも地方司令官にまかせるかは、秦朝以来、中国が試行錯誤してきたみちである。宋朝ははじめ前者をこころみたが国庫負担にたえかね、後者につよく傾斜していったとかんがえられる。

衰退した「宣毅軍」とほとんどかわらないのであるから、兵士の質の低下と逃亡による減少という問題の、根本的解決方法にはならなかった。事実、徽宗《きそう》（在位一一〇〇～一一二五）時代に、現在の浙江省《せっこうしょう》を中心としておこった方臘《ほうろう》の乱（一一二〇年）の鎮圧には役にたたなかった。しかしその後も地方の治安維持部隊としては存続した。禁軍に属さない、地方軍である廂軍のように、雑役《ざつえき》その他に従事させられたようである。

地方官庁では下級官吏や雑役夫だけでは人手がたりないところもあったし、兵士に仕事をあたえ無為の生活におちいらせないことは、最低限、労働力としての質を確保する意味で重要な施策だったのだろう。地方財政に負担がかかることは明白だが、廃止はできない。廃止すれば兵士は無業の困窮者に逆もどりし、社会不安を醸成するからである。「兵《へい》匪《ひ》一体《いったい》」ということばがあるが、暴力を容認される身分をあじわってしまった人間が、暴力を封印して平穏な生活にもどるのはむずかしいのである。

また廂軍のなかには、強盗などの犯罪者をうけいれた「牢城《ろうじょう》」という部隊もあったようで、これは軍隊をつかった刑務所というべきものである。ただし室内にとじこめておくのではなく、廂軍の一部として雑役につかわれた（労働刑というみかたもできる）。監獄の収容人数や管理能力にかぎりがあり、さりとてむやみな死刑執行は儒学の「仁徳」、すなわち皇帝の徳政をそこなうものとして忌避する傾向がつよかった中国では、軍に犯罪者の管理をまかせる（ないしはおしつける）ことも自然な発想であった。こうした部隊をふくむ廂軍は、神宗時代初期には五〇万人いたと推定されているが、その後はゆるやかに減っていったようである。

2 遼から金へ、北宋から南宋へ

皇帝が人質に

莫大な歳幣をしはらってまで遼・「大夏」との平和共存をはかろうとした宋朝だが、女《じょ》真《しん》族の登場により、その苦労は水泡に帰してしまうこととなる。

女真族は、現在の中国東北地方における狩猟採集（およびきわめて簡単な農業もおこなう）民で、遼の支配下にあった。彼らの故地では砂金が豊富にとれたため、遼はそれを収奪して彼らをくるしめた。これにあらがって完顔阿骨打《ワンヤンアグダ》が女真族諸部を統合し、一一一五年に遼から独立して金朝を樹立し即位した（在位一一一五～一一二三）。遼も反撃したが、軍隊の内紛などにより大敗した。

宋は金軍の優勢を知り、使節をおくって金との同盟、およびそれによる遼のはさみうちを決めた。しかし先述の方臘の乱が勃発して鎮圧までに三年を要してしまった。この間、金は宋との約束どおり、遼の都・燕京《えんけい》（現在の北京）地域には手をださず、そのほかの地域を制圧して宋軍を待った。

ようやく乱を鎮圧した宋は燕京攻略戦にとりかかったが、遼軍に敗れるばかりだった。そのため莫大な銭と軍糧をしはらう約束で、遼軍の鎮圧を金軍に依頼した。金軍は遼軍を撃破してひきあげ、かわって宋軍が燕京に入城した。つまり宋は、遼や「大夏」にたいして「かね」で平和を買ったばかりではなく、金朝にたいしては「かね」で軍隊を買ったのである。遼の天祚帝《てんそてい》（在位一一〇一～一一二五）は、現在の内モンゴル自治区方面にのがれて「大夏」を頼ったが、「大夏」は金に服属してしまったため、帝はけっきょく金軍にとらわれた。よってここに遼朝もその幕をとじた（一一二五年）。

破竹のいきおいの金朝にたいして、その強大化をおそれる宋朝は、天祚帝に密書をおくって、遼朝の再興とひきかえに金朝をほろぼす計画をもちかけた。しかしこの密約は金朝側にもれ、宋朝との盟約をやぶられた金朝は大軍を南下させた。宋朝の徽宗《きそう》は欽宗《きんそう》に譲位

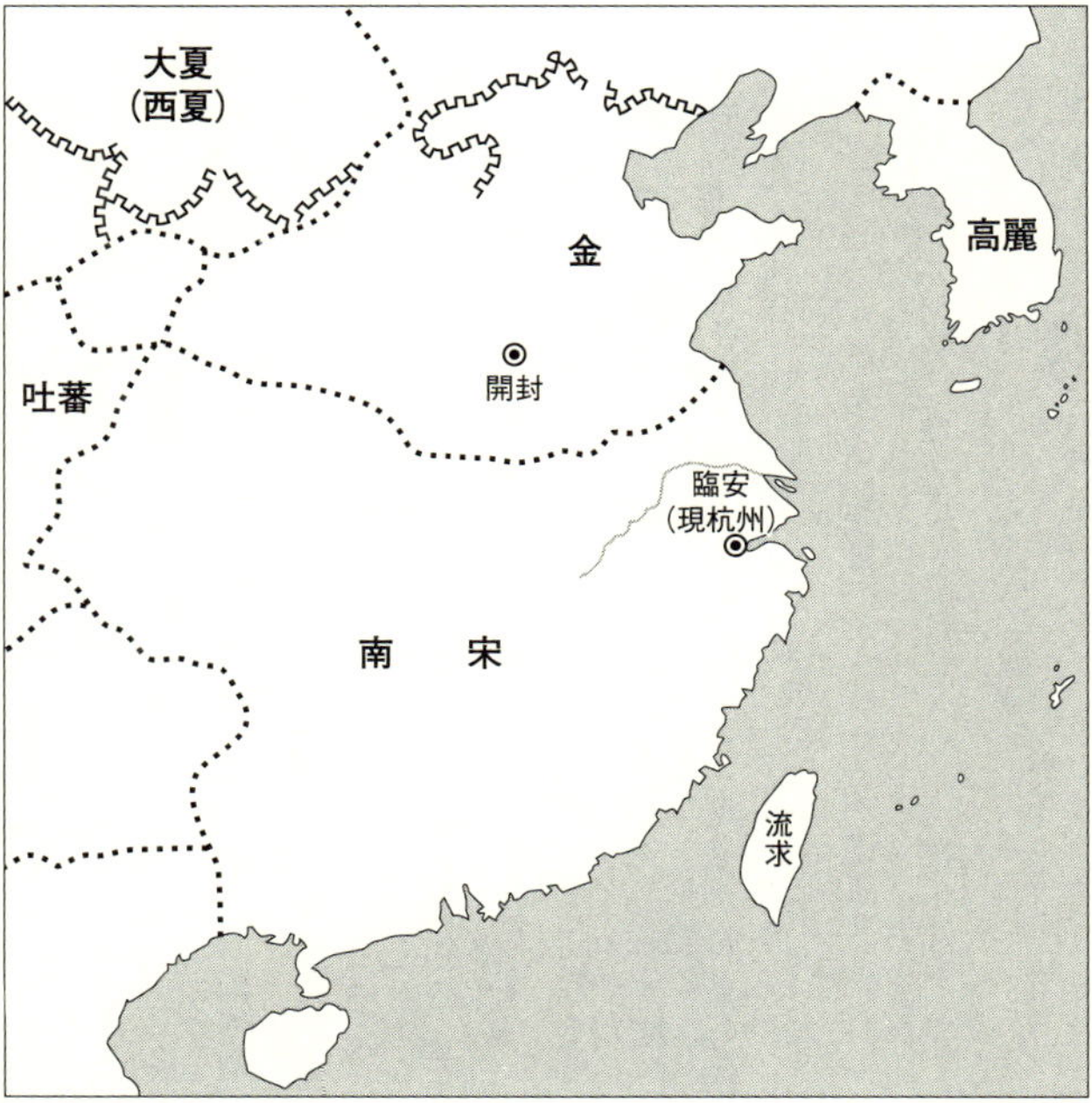

金と南宋

し、首都・開封《かいほう》をすてて南方へのがれた。

その後の宋朝ではいったん講和が成立し、金軍もひきあげたが、講和を不服とする主戦派がまきかえし、金朝との再度の盟約をやぶったため、金朝は宋朝の誠意のあかしとして、徽宗・欽宗を人質にさしだすよう要求した。宋朝がなかなかおうじなかったので、金軍は開封の外城を破壊したうえで、城内の民をみなごろしにするとおどし、徽宗・欽宗はついに金朝の人質となった。

金軍は開封で掠奪暴行をくりかえし、もと講和派であった宰相・張邦昌《ちようほうしよう》を皇帝として「楚《そ》」という傀儡国《かいらいこく》をつくり、さらには徽宗・欽宗ほか皇族・官僚もふくめて数千人を本拠地へと拉致《らち》した。これで宋朝は命脈をたたれたかにみえた（靖康《せいこう》の変。一一二七年）。

金軍がおおぜいの人質をつれて本拠地にひきあげたあと、傀儡国の皇帝にまつりあげられた張邦昌は、うしろだてもなく不安になり、金朝の追跡をまぬかれた皇弟をむかえて自分は退位し、臣下にもどろうとした。この皇弟が、再興宋朝すなわち南宋の高宗《こうそう》（在位一一二七〜一一六二）である（張は、不本意ながら即位させられた事情によりひとたびはゆるされたが、その後、自殺させられた）。

新興勢力による再統一へ

高宗は各地の兵力をあつめて金軍を討とうとしたが、金軍の攻勢にあらがいきれず、長江流域へと南下した。北宋末と同様、南宋でも講和派（秦檜《しんかい》）と主戦派（岳飛《がくひ》）が対立し、高宗も一時は岳飛の私兵（岳家軍）をたよりにして、金軍への反撃をこころみた。しかし、私兵集団に依存するということは、禁軍の再編困難と皇帝権力の弱体（場合により崩壊）を意味する以上、ながくつづけられる方針ではなかった。金朝との講和を実現し（一一四一年）、岳飛を処刑した秦檜は、極悪非道の売国奴（漢奸《かんかん》）として、現在でも非難の対象になっている。しかし道義はさておき、兵力も皇帝権力も不安定な南宋の実態をふまえれば、政治家としての秦檜はあやまっていなかったし、むしろ王朝の延命と繁栄に寄与したと筆者はかんがえる。

南宋にも禁軍は存在したが、防衛の中核をになう力はなく、地方で廂軍同様の雑役に従事させられた。かわって中核となるのが、高宗即位に貢献した諸将の、私兵集団再編に由来する駐箚御前軍《ちゅうさつごぜんぐん》（大軍）であった。第二代の孝宗《こうそう》（在位一一六二〜一一八九）時代には、四〇万人以上いたと推計されている。

御前軍（大軍）が禁軍といれかわり、またそれが私兵集団に由来するとはいえ、軍糧問題は南宋にもついてまわった。その制度は、ひらたくいえば日給と特別手当（出陣手当、家族手当など）とのくみあわせであった。ちなみに単身で出陣・駐屯する兵と、家族同伴で出陣・駐屯する兵とにわけて、手当が支給されていた。兵士確保とそれに付随する家族扶養の問題、および軍糧支給の安定になやむ中国歴代王朝をこれまでみてきたが、前代と比較すると、ひじょうによくできた、合理的な方法である。

新興勢力・女真族にほろぼされた北宋と同様、南宋をほろぼしたのも（一二七九年）やはり新興勢力・モンゴルであった（ただし、家族同伴の有無で管理されていた部隊は、最後までよく戦ったため、生存者はモンゴル軍に接収された）。またかつて遼が金に滅ぼされたのとおなじく、金はモンゴルによってほろぼされた（一二三四年）。モンゴルは、およそ一五〇年つづいた南北の分裂状態を再統一し、それぞれの遺産を継承して、空前の版図を形成することになる。

3　モンゴルがもたらしたもの

柔軟な統治制度

モンゴルは遊牧王朝としてあらわれたので、本拠地や生活形態がちかい契丹（遼）や女真（金）を参考にして社会を構築し、のちに宋の遺制もとりいれて、行財政と軍事とを整備していった。武力一辺倒だったのではなく、多様な民を統治するために、各地域・各集

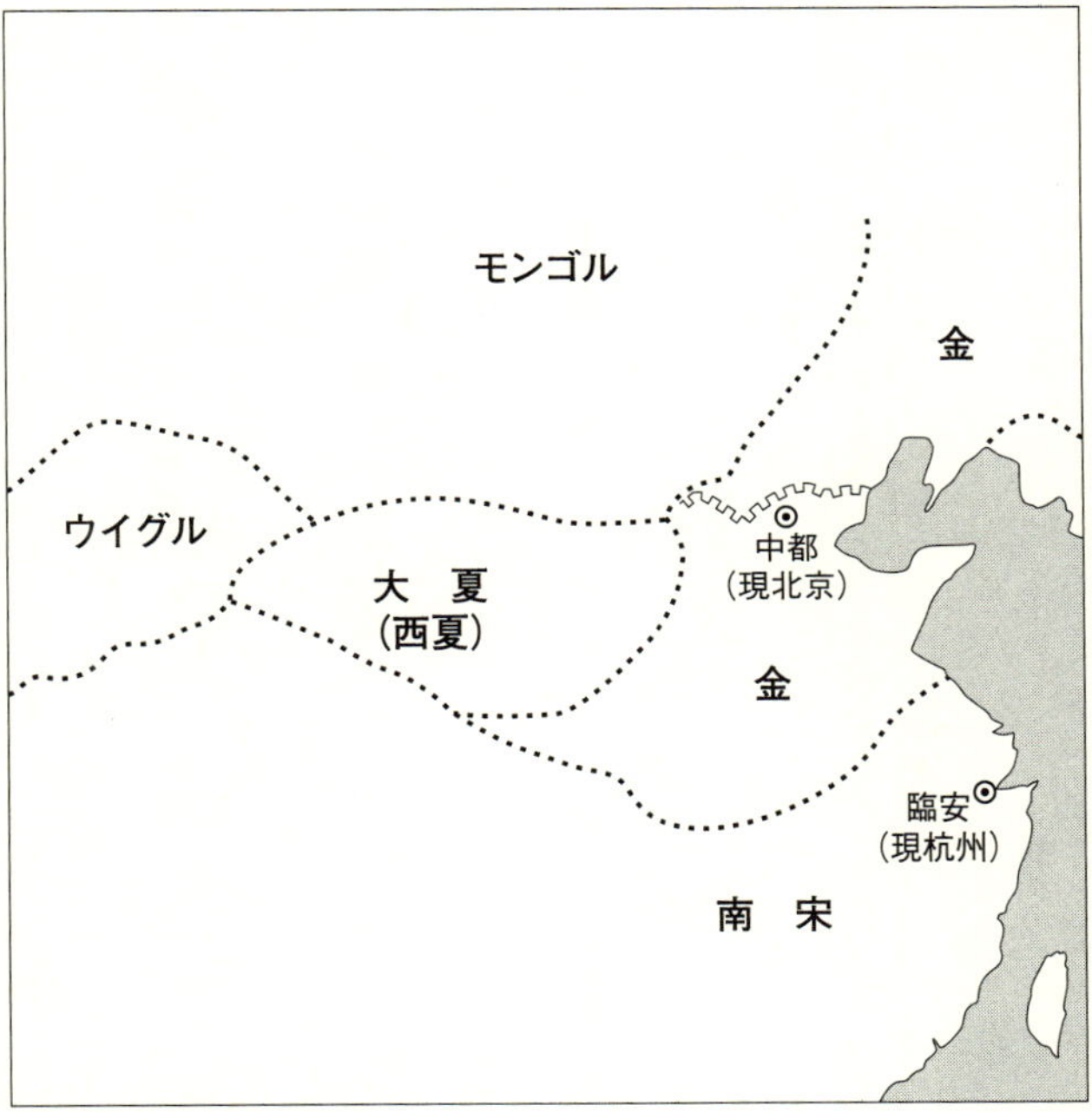

金、南宋、モンゴル、大夏

団の特性におうじた土台をつくり、そのうえに、モンゴルにとって行使しやすい諸制度をのせた、というイメージが筆者にはつよい。

遼は、遊牧民には部族制度にもとづく統治を（北面《ほくめん》）、定住民には唐朝の諸制度にもとづく統治をおこない（南面《なんめん》）、ゆるやかな分治体制をつくった。いっぽう金は、女真人の氏族に由来する、皆兵制度ともいえる猛安《もうあん》・謀克《ぼうこく》の制（おおむね三〇〇戸＝謀克、一〇謀克＝猛安）をもって定住民の地域にはいったが、そこのゆたかさと安楽とになれた兵は、しだいによわくなってしまった（猛安・謀克の制は、女真人の後裔・満洲人《まんしゅうじん》による、清朝八旗《はっき》制度〈後述〉の原型としても重要である）。

遼の分治体制は、遊牧と定住とがきっぱりとわかれていれば有効かもしれないが、農産物なしに遊牧民が生活するのはもはや不可能であったから、じっさいにどれほどじゅうらいのすがたで契丹人をまもれたのかは不明である。金は、ほぼ女真人だけで生活しているぶんには猛安・謀克の制度で民を管理できたが、それだけでは、定住社会がもたらす富の誘惑にうちかてなかった。遼・金の制度はいっけん対照的だが、北方王朝がしめした、定住民との二様のかかわりあいとして興味深い。

チンギス・ハンの擡頭

モンゴルは、チンギス・ハン（在位一二〇六〜一二二七）の時代には、隷属民や女子にも参戦義務のある制度をとっていた。チンギスはハン位につく以前（テムジンとなのっていた一二世紀末）、金に協力してタタールの討伐にあたったこともあり、その功績をみとめられて、「ジャウト・クリ（百人長）」の称号をさずけられたのを機に躍進した。

一二一一年以降、モンゴルは金への侵攻をくりかえすようになり、たえかねた金は、公主《こうしゅ》（皇族の娘）と財物・奴隷などをモンゴルに贈って和平を成立させ、かつて北宋が都をおいた開封へ遷都もしたが（一二一四年）、以後の交渉にもかかわらず、両者の関係はふたたび悪化した。一二二七年にチンギスが死去し、翌年金が弔問使節をおくっても、関係は好転せず、むしろ悪化した。一二二九年にオゴタイ（在位一二二九〜一二四一）が即位したのちも、モンゴルは金を攻撃しつづけた。一二三二年には、モンゴルと南宋とが金朝をはさみうちにする盟約をむすび、追討された金朝の皇帝・哀宗《あいそう》（在位一二二三〜一二三四）は逃亡先で末帝に譲位して自殺し、末帝もころされて金朝はほろんだ（一二三四年）。

チンギス・ハン

チンギスはまた、「大夏」を五度も征伐し、最後の遠征（一二二六〜一二二七年）で「大夏」をほろぼしたものの、その帰途で亡くなった。それでもモンゴルは、南宋をなやませた金と「大夏」との両方をほろぼしたのであり、おとろえゆく金朝をみかぎってモンゴルとむすんだ南宋の判断は、その時点ではただしかったといえよう。

多様性に富む軍隊

北方の大国・金をほろぼしたモンゴルには、女真人のみならず、金が遼から継承した契丹人も投降してきた。このころから、投降者をまとめた「漢軍」（モンゴルでは旧金朝下のすべてのひとびとを「漢人」とよんだ）がふえ、これらをたばねる「漢人世侯《かんじんせいこう》」は管轄地域の統治権をみとめられ、旧金朝領域の支配になれないモンゴルをささえる重要な勢力となった。またモンゴル人が黄河流域の要地である中原《ちゅうげん》地帯に進出するにしたがい、馬の飼育・管理・休養・交代と伝令の拠点として駅站《えきたん》が設置され、そこではたらく站戸《たんこ》と、長期的な駐屯兵として、世襲で兵役につく軍戸《ぐんこ》とがあらたにあらわれた。つまりチンギス時代の制度のままでは統一できない部隊がふえ、しかもこれらがしだいに重要な存在となっていくのである。

軍戸というのは、前章でのべた曹操の兵戸にも似ているが、投降者と征服地の民が非常におおいのと、旧来の雑役服務部隊（北宋以来の廂軍など）をもくみこんだところがあたら

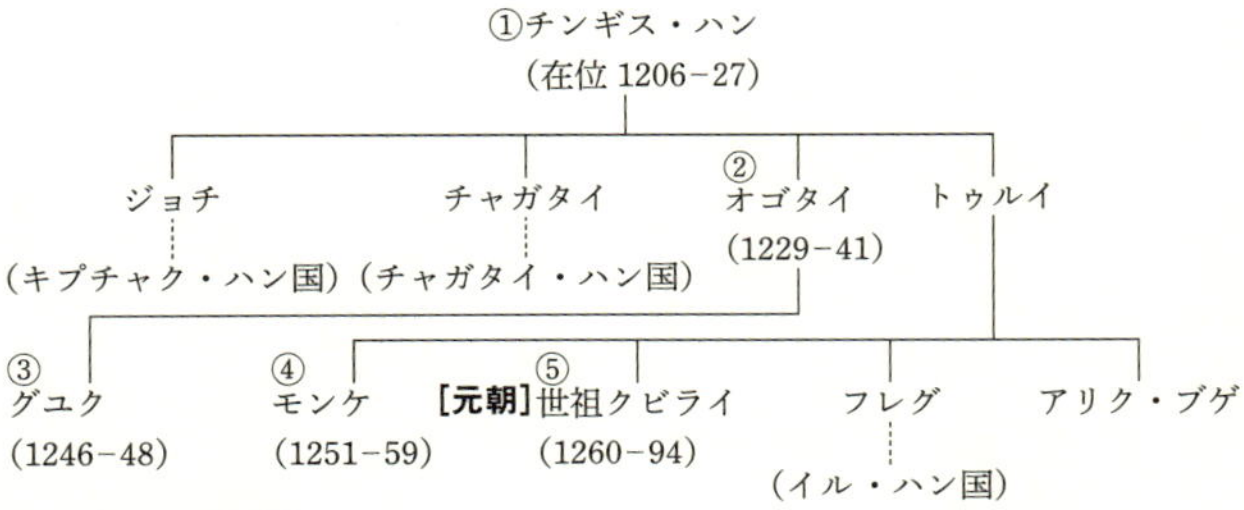

モンゴル帝室略系図

しい。もと犯罪者の部隊もあった。軍戸はかつての兵戸と同様に、一般人とはことなる戸籍に編入され、人口流出を防止するためきびしく管理された。

以上、チンギス以来の兵力にくわえて、「漢軍」や軍戸を併用する多様性に富む軍隊が、モンゴルの特徴であったことは明記しておいてよいだろう。

クビライの施策

オゴタイの没後、しばらくハン空位時代がつづき、息子のグユクが即位（一二四六年）したもののその治世はみじかく（～一二四八年）、また空位期間があって、オゴタイの弟・トゥルイの子であるモンケが、一二五一年に即位した（～一二五九年）。先述の軍戸制は、モンケの命令で中原に進出した、弟のクビライのもとで発達することになる。

モンケ没後、クビライと末弟のアリク・ブゲが一二六〇年にそれぞれ即位するという混乱があり、両者の内戦に勝利

クビライ

（一二六一年）したクビライが、自分の支配領域の国号を「元」とした（一二七一年）。ながく中原支配をまかされていたクビライが即位後（在位～一二九四年）もここを根拠地とし、権力基盤を盤石にしようとしたのは当然であろう。

　クビライは、南宋と通じて反乱をおこした山東の有力漢人世侯・李璮《りたん》を鎮圧して（一二六二年）以来、大権をにぎる世侯を警戒して、民政職・軍政職の兼任や、所轄地域への子弟の配置を禁止し、徐々にかれらの勢力をよわめた。また行政面では遼と同様に、住地や集団によって管轄官と行政単位をわけたが、モンゴル人がなるべく上位の監督者になるように配置した。

　李璮の乱を討ったことで南宋との対決がさけられなくなった元は、漢人世侯を冷遇しはじめたとはいえ、新たな降将《こうしょう》である劉整《りゅうせい》（金から南宋、さらに元に投降した武将）らをつかって、一二六八年から攻撃をはじめた。要地を陥落・開城したり、投降・和平をよびかけたりといった時期をへて、七六年には南宋の都・臨安《りんあん》（現在の浙江省杭州市《こうしゅうし》）にはいり、事実上南宋をほろぼした。しかし徹底抗戦派がのがれて戦闘をつづけたため、一二七九年に厓《がい》山《ざん》の戦いで壊滅させた。これをもって、歴史上は南宋のおわりとみなす。「大夏」・金につづき（南）宋も滅んだことで、近世史はあらたな局面にはいった。

投降軍も動員

日本との関係でいえば、クビライ時代の元寇《げんこう》（一二七四年の「文永《ぶんえい》の役」、一二八一年の「弘安《こうあん》の役」）が有名である。元からすれば、台風に遭遇しておおくの兵船を沈没させてしまい、いずれも所期の目的をはたせなかったとはいえ、遊牧王朝が海をこえて日本をおそったことじたいが画期的である。

これが可能になったのは、モンゴルが侵略して従属させた朝鮮半島の高麗《こうらい》（九一八～一三九二）が、二度の遠征に九〇〇隻ずつの兵船を建造し、「文永の役」には六〇〇〇人、「弘安の役」には二万五〇〇〇人もの兵を供給したからである。内陸の民であり、海戦には不慣れだったはずのモンゴルは、欠点をおぎなう武力を確保してから日本を攻撃したのであった。とくに一二八一年の「弘安の役」には、旧南宋下にあった江南《こうなん》軍一〇万人をも動員した。六月中旬に合流させるはずがおくれてしまい、結果的にまた台風で兵船が沈没して元は撤退せざるをえなかったが、投降してまもない軍隊を、本隊四万をうわまわってでも動員した。このようなところに、客軍であろうが投降軍であろうが、多様な軍隊をつかいこなす元朝の特徴がうかがえる。

ちなみに元は、旧南宋地域では站戸制は採用したものの軍戸制を実施せず、江南軍のような、あるいは南宋の手当つきの部隊（前節参照）といったあらたな投降軍を、「新附軍《しんぷぐん》」としてつかった。税制も、なるべく南宋の制度を継承した。

明朝へ

モンゴルは四ハン国もふくめれば西アジアやヨーロッパの一部にまでひろがる版図を形成したが、中国領域でいえば、クビライの時代を頂点としてしだいにおとろえた。柔軟で機動力に富む軍隊は、元の財産であった反面、いったん王朝の統制がおよばなくなれば、容易に反乱がおきる危険性と、つねにとなりあわせであった。

元末の混乱は、有力将軍同士の抗争（一三六〇年ごろ）や、皇太子と有力将軍との対立（一三六四年）からはじまり、これらを統御できない順帝《じゅんてい》（トゴン・テムル、在位一三三三〜一三七〇）の無能ぶりもあって大小の反乱が頻発した。そのなかから、秘密結社（白蓮教《びゃくれんきょう》）を母体とする紅巾《こうきん》の乱がおき（一三五一〜一三六六年）、大混乱のすえに朱元璋《しゅげんしょう》が勝利をおさめ、明《みん》朝をひらくことになる（洪武帝《こうぶてい》、在位一三六八〜一三九八）。元朝は北方の本拠地に去った（北元）。

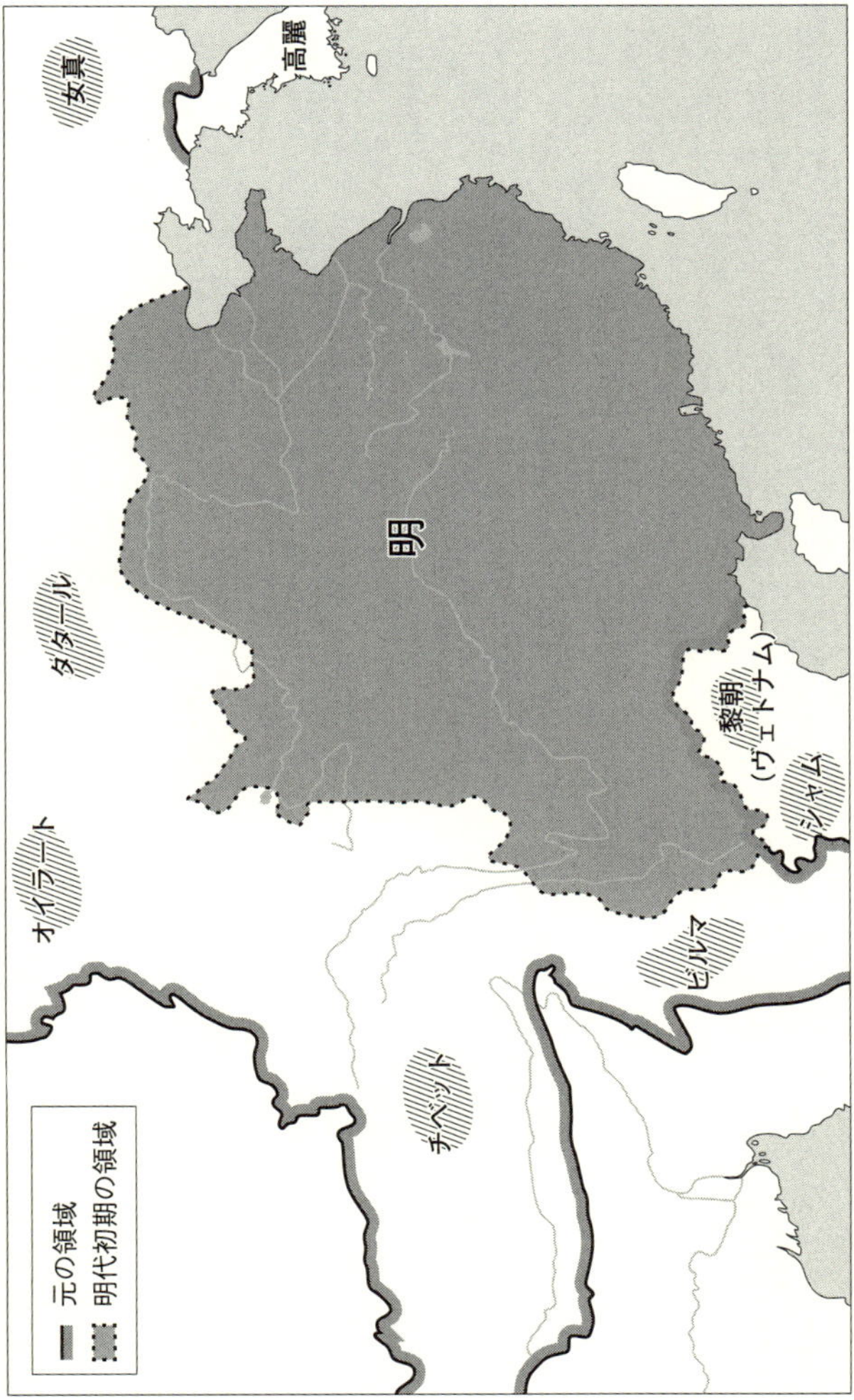

明代初期の領域

中国にはモンゴル＝元という大あらしのあとに、遊牧・狩猟由来ではない王朝がひさしぶりにあらわれるのだが、いちどそういう大あらしを経験したあとで、平穏にもどるのはけっして容易ではなかった。明は元の事後処理をしながら、元がもたらした多様な中国の長所を継承し、次代をきりひらいていくのである。

4　明代の衛所制

民と軍を分ける

行財政や軍事におけるそれぞれの中枢的機関は、ルーティン・ワークをまかせておけるメリットはあるものの、諸機関にとってつごうのわるい情報は皇帝に報告しない、あるいは、皇帝の意図を無視した判断をする、そのような危険性をはらんでいる。宋・元では、煩雑かつ広範・大量になる事務を処理していく必要もあって、官庁がふえることはあっても、へることはあまりなかった。いっぽう明の洪武帝は、前代までの中枢的機関を廃して、その下の各実務組織を直接把握しようとした。組織をできるだけ単純にして、皇帝が政治をひろくみわたせる、皇帝にとって風とおしのよい体制を志向していた、といえるだろう。

人民統治と軍事の双方にかかわる問題でいえば、まず民戸と軍戸とにわけた。軍戸には①洪武帝の挙兵以来従軍してきたもの、②各地の群雄や元朝から投降してきたもの、③罪をおかして軍にあてられたもの、④一般民戸などから徴発したもの、があった。おおむね一一二人をめやすに百戸所、一〇百戸所で千戸所、五千戸所で一衛《えい》というように、下から順々に組織をつみあげた明の軍事制度を衛所制《えいしょせい》という。

一定人数をまとめて生活・軍事上の共同組織をつくり、一般人とわけて管理するしくみは、曹操の兵戸制以来、さまざまなアレンジをくわえられて中国で採用されてきた。また北方諸族も、狩猟や遊牧の必要から、一定数をまとめてその長に管理させるしくみをもともっており、金朝の猛安・謀克制、元朝の軍戸制にはいずれもそのしくみが反映されている。

遊牧・狩猟民をようやく北方においやった明朝だが、そのつよさを知っている以上、また北方から中原ににらみをきかせているかれらの存在をかんがえれば、古代から唐代なかごろまでの兵農一致や、定住民への全面的依存はもはや不可能であった。しかしいっぽうで、定住民の再生・強化を志向した明は、漢代の制度を理想としてもいた。

第三代・永楽帝《えいらくてい》（在位一四〇二～一四二四）の時代以降、たとえば首都（明ははじめ現在の南京《ナンキン》に都をおいたが、永楽一九年〈一四二一〉年に北京《ペキン》に遷都した）防衛軍である京衛《けいえい》のなかに、「京操《けいそう》

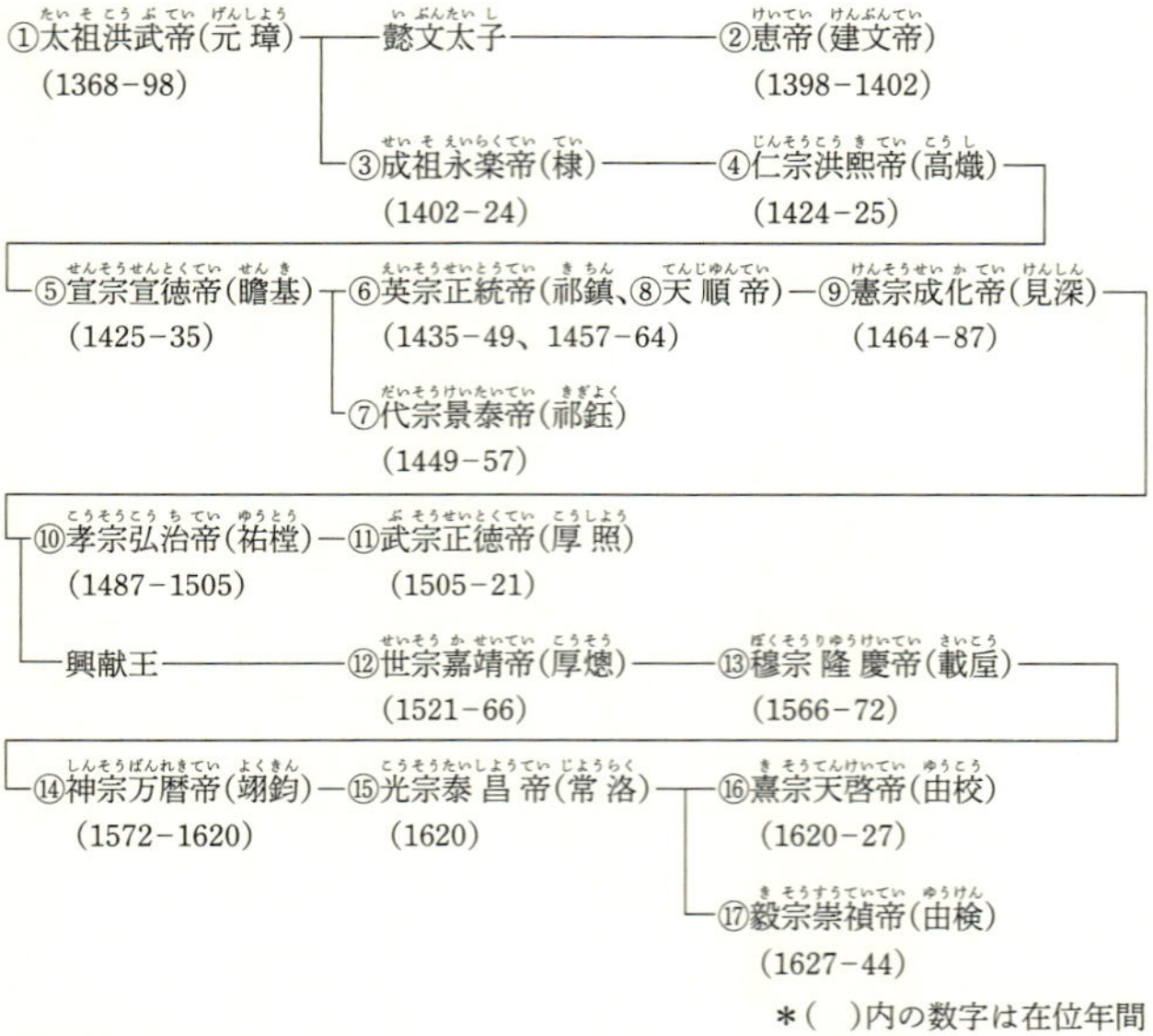

明帝室（朱氏）系図

軍《ぐん》」というものをおいた。これは地方防衛軍である外衛のなかから、順番に上京して交代で任務にあたる部隊であったという（ただし全国一律ではなく、山東《さんとう》・山西《さんせい》・河《か》南《なん》・陝西《せんせい》などからに限定）。前漢にも同様の制度があったことを、おもいだしていただきたい（第一章参照）。

他方では、軍糧の全面的提供を定住民に期待できる時代でもなくなったため、曹操の兵戸制でこころみられた屯田を、明も実施した。衛所制下では、防衛兵と屯田兵とは完全にわかれており、前者三割・後者七割で構成されていた。基本的にはこの両者のくみあわせで部隊が成立しているものの、地域によっては、税糧の運搬業務もしくは上京勤務の任がくわわっているところ、あるいはすべての任をひきうけているところがあった。自給自足を原則としつつも、必要があればそのほかの業務を課す、という状態である。屯田兵には耕地が支給されたものの、永楽年間(一四〇三〜一四二四)に課税がはじまって負担がふえたため、明代中期以降、衛所における自給自足は、有名無実と化していった。

将官だけは確保する

さて軍隊の窮乏・士気の低下といった問題は、どのようにきびしい管理体制をとってもかならずおきて、歴代王朝をなやませてきた。しかし明の場合は、将兵を戸籍で管理したうえで、官品保持者(正三品から従六品まで)にかぎって世襲上の優遇措置をとることで、すくなくとも上位層を維持することには成功した。具体的には、現役の衛所官が老・病・死のいずれかで任からおりたものの、あとつぎが幼少のばあいに実務を免除し、一四〜一五歳まで俸給全額を支給する、というものである。つまり、幼少の衛所官は任務をはたさなくとも、父兄の俸給を無条件で受領できた。

この制度もやはり永楽年間に成立した。永楽帝は洪武帝の息子で、燕《えん》王に封じられて

（現）北京周辺におもむき、北方防衛の任にあたっていた。しかし、父帝の没後に即位したおいの建文帝《けんぶんてい》（在位一三九八～一四〇二）による諸王とりつぶし策に抵抗して挙兵し（靖難《せいなん》の役《えき》、一三九九～一四〇二年）、建文帝派を一掃して即位した。先述の京操軍や官品保持者優遇策も、事実上のクーデタで皇帝となった永楽帝であるからこそ、地方防衛軍の一部を交代で首都防衛軍にくみこんで、首都・地方双方に緊張感をあたえる意図があったとかんがえられる。また将官を優遇して、かれらの忠誠心を強化する必要もあった。

ちなみに先述した優遇措置は、永楽帝への忠義のつくしかたで二分されていた。靖難の役以前からの衛所官、および永楽帝即位以降に官位をえたものは「旧官」、靖難の役当時、燕王の配下として参戦し、その功によって官位をえたものは「新官」に分類され、幼少のあとつぎにかんしても、後者がより優遇された（「旧官」子弟より一年長く実務免除）。特殊戸籍による管理と世襲とにくわえ、特権や優遇をあたえてつなぎとめる方法は、あたらしい傾向として興味ぶかい。

ただし優遇措置の対象者は、あくまでも官品保持者の家族だけであり、それ以下の軍兵は、戦死すれば遺族に若干の見舞金がでるだけで、子弟による補充をすぐにもとめられ、継続的な保障はほとんどなかった。明でもけっきょく、時代がくだるにつれ衛所兵の逃亡・欠員がめだつようになるのだが、それはあくまで軍兵レベルのはなしであって、将官優遇策が維持されている以上、制度崩壊にはいたらなかった。

このように、将官と軍兵との待遇に差をつけ、たとえ軍兵が流動化しても、それを指揮する将官さえ王朝がつなぎとめれば、制度上は維持できることを明朝は証明した。兵の逃亡が将の動揺と連動して、軍全体が総くずれになる問題にたいして、「兵」はすてても「将」さえ維持すれば、王朝側はもちこたえられることをしめしたわけである。

また皇帝への忠誠心という問題に関連していえば、モンゴル残党の討伐戦が一段落した一三七〇年ごろを契機として、将官が皇帝の許可なく配下を殺すことを禁止し、配置転換をすすめて将兵間の個人的なむすびつきを断った。あるいは、将官同士・将兵間の私的贈答や奉仕を厳禁した。このような対策は、将兵が直属・直近の人間関係に束縛されることなく、王朝や皇帝への忠義のみをかんがえるようにと期待したのだろうが、日頃の信頼関係がよわまれば将兵間には相互不信がめばえ、規律もなくなっていくのは自明の理である。将官はかえって軍兵を私用に使役し、給与横領もためらわなくなり、軍兵はそれにたえかねて逃亡し、あるいは上官を告発することもあった。

これを衛所制によって将兵ともに世襲にしたところで、いちどめばえた将兵間のみぞはうまらなかった。また将官優遇措置にみられるような、王朝による軍兵きりすてがあるかぎり、軍兵にたいする処遇改善のみちは、けっきょくとざされたままだったのである。

つかいすての兵

さて永楽帝は、その生涯で五回（一四一〇、一四一四、一四二二、一四二三、一四二四年）にわたってモンゴル方面に親征し、東部のタタールや西部のオイラートを討った。オイラートは帰順させたものの、タタールを臣従させることはできずに、最後の遠征からかえる途中のモンゴル域内で死去した。しかし、たびかさなる遠征に大軍を動員し、辺境防衛体制を強化した結果、衛所制下の軍兵は、本籍地からながくはなれることになった。それでも給与は本籍地で支給される。よって、軍兵がじっさいにうけとるまでのあらゆる過程で、横領や紛失が頻発し、兵の窮乏とそれにともなう逃亡の増加は深刻になり、ついには明朝も兵力減少に直面した。

先述のとおり将官は王朝につなぎとめられたが、兵はつかいすてのうえに給与すら満足にうけとれなかったのだから、当然の結果である。この欠員は、兵の家族が責任をもってうめることがたてまえだが、それではまにあわなかった。たとえば先述の軍戸のなかで、「罪をおかして軍にあてられた」部類にはいるもののうち、服役期間中に問題がなかったものを、期間終了後も衛所にとどめた（原則として北方出身者は南方に、南方出身者は北方に、服役態度がとくに良好だったものは首都近辺に配置された）。逃亡兵を逮捕した場合には、さらに過酷な前線へおくって欠員補充をした。それでも不足する場合は、従来の王朝とおなじく、無頼・游民《ゆうみん》層からの募兵にたよることになる。

前代未聞のできごと

軍兵は逃亡するものの、衛所制は維持できているのだから、第六代・正統帝《せいとうてい》（在位一四三五～一四四九）が、宦官《かんがん》の長官であった王振《おうしん》にそそのかされてオイラートのエセン・ハン親征を決意したこともふしぎではない。偉大なる曾祖父・永楽帝にあやかりたいという功名心をくすぐられ、家内奴隷同然の宦官のみを信じ、官僚の忠告をきかなかったおろかな皇帝は、土木堡《どぼくほ》というところで大敗を喫して、オイラートの捕虜となってしまう（土木の変、一四四九年）。

正統帝

中国の皇帝が北方勢力の捕虜となったのは、北宋の徽宗・欽宗以来のことである。しかし、首都・開封の民をすくうべく、みがわりとなったかれら（第2節参照）にくらべ、捕虜になってすくえるいのちも正統帝にはなかった。こうなると屈辱以外のなにものでもない。

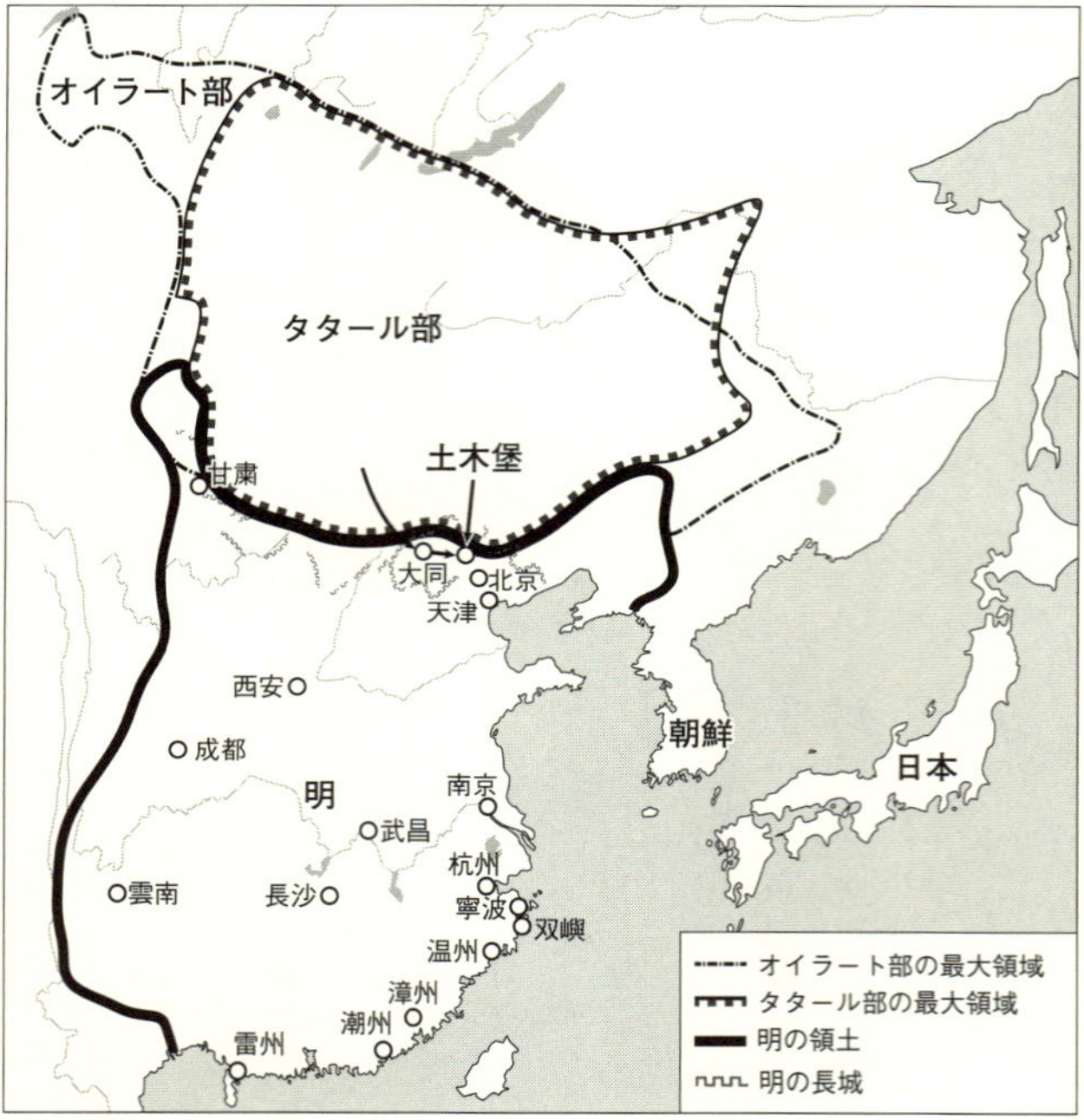

オイラート部
タタール部
土木堡
甘粛
大同
北京
天津
西安
成都
明
南京
武昌
杭州
寧波
双嶼
雲南
長沙
温州
漳州
潮州
雷州
朝鮮
日本
オイラート部の最大領域
タタール部の最大領域
明の領土
明の長城

土木の変

皇位は弟がついだ（景泰帝《けいたいてい》、在位一四四九～一四五七）ので、明は王朝としての命脈をかろうじてたもった。いっぽうエセン・ハンは、（もと）正統帝をひきつれて北京にせまり、明朝にゆさぶりをかけたが、おもいがけない徹底抗戦にあい、とうとう（もと）正統帝を明朝にかえした。エセンはそののち部下にころされたので、オイラートの脅威は去ったかにみえたが、つよい統率者を欠くモンゴル諸族は、散発的かつ広範囲な侵略をくりかえすようになり、状況はむしろ悪化した。

またかえってきた（もと）正統帝と、兄不在のあいだに皇帝となった景泰帝とのあいだで、おりあいがよいはずもなく、一四五七年にクーデタをおこした兄は、弟を廃位して天順帝《てんじゅんてい》（在位一四五七～一四六四）としてかえり咲いた（奪門《だつもん》の変）。捕虜になった皇帝が、ふたたび皇位につくというのは、前代未聞のはなしである。

首都を敵軍に包囲される危機的状況をも経験した明朝は、中央軍・辺境軍ともに、大増員して強化する必要にせまられた。そのため衛所制を維持したまま、しだいに募兵に傾斜していくことになる。これじたいは過去にもあったパターンだが、明朝のばあいに特徴的なのは、衛所の将官ではなく地方行政官である（文官の）巡撫《じゅんぶ》に、募兵をまかせるようになったことである。

悲惨な結末

正統＝天順帝も暗愚な皇帝であったが、その後の明朝では、酒色にふけって宦官のいうなりになる皇帝や、あやしい不老長寿術にこって国政をかえりみない皇帝などがつづいた。綱紀のゆるみは皇帝の権威をいっそう低下させ、内政・軍事の弱体化はおおうべくもなかった。第一二代・嘉靖帝《かせいてい》（在位一五二一～一五六六）のころには、北方諸族（「北虜《ほくりょ》」）の跋扈《ばっこ》と、南方海上における倭寇《わこう》（「南倭《なんわ》」）の席捲《せっけん》とがともに深刻になり、膨大な軍事費支出と出口のみえないたたかいとに、明朝は疲弊していくことになる。またこのころから、巡撫は直属の標兵をもてるようになり、それは当然、私兵の性格をつよくおびたものとなっていった。軍糧調達のために、特許商人が専売品の塩をとりひきして、軍糧を納入する制度が採用された。ただし、唐代末期の黄巣の乱（第二章冒頭参照）が、やみの塩商人による反乱であったことからわかるように、そもそも塩の専売で軍事費を捻出しようとするのは財政難の極致をしめすサインであり、王朝崩壊の予兆である。

明の衰亡に拍車をかけたのが、豊臣秀吉《とよとみひでよし》の朝鮮出兵（「文禄《ぶんろく》の役《えき》」一五九二～一五九六年、「慶《けい》長《ちょう》の役《えき》」一五九七～一五九八年）であった。その標的になった朝鮮王朝（一三九二～一九一〇）は、中国でいえば明の洪武年間（一三六六～一三九八）に成立している。建国当初から明朝に朝貢したが、両国関係が順調になるのは永楽年間以降である。朝鮮は毎年、皇帝の誕生日・皇太子の誕生日・元日（のちに冬至）には明朝にかならず使節をおくり、定期的な使節以外にも、かなりひんぱんにつかいをおくった。明朝とおなじく儒学をおもんじた朝鮮は、明朝がその王朝名を決めた経緯もあって別格の存在であった。儒学を奉ずる「（中）華」と、儒学の教化になびかない「夷《い》」（夷狄《いてき》。中華周辺の未開の民族）とをはっきり区別する世界観、すなわち「華夷《かい》の別《べつ》」をまもるためにも、また朝鮮と明朝との関係をまもるためにも、儒学の秩序そのものを破壊しようとする秀吉の蛮行を、明朝はだんじてゆるしてはならなかった（明では第一四代・万暦帝《ばんれきてい》〈在位一五七二～一六二〇〉の時代にあたる）。

秀吉の死によって明朝も援軍をひきあげることができたが、内政や軍規の腐敗、「北虜南倭」による増兵と財政難にあえいでいた明朝にとって、朝鮮への援軍派遣はもじどおり、さいごの一撃となってしまった。多発する内乱になすすべもなく、てなずけていたはずの女真人の擡頭もゆるし、最末期に綱紀粛正をはかった崇禎帝《すうていてい》（在位一六二七～一六四四）の努力もむなしく、流賊・李自成《りじせい》の乱（一六二八～一六四四年）による皇帝の自殺という、悲惨な結末をむかえることになる。

5　清代の八旗制度

紫禁城の扁額

紫禁城（故宮《こきゅう》）、現在の故宮博物院（北京）に行くと、おもな宮殿に、漢字と満洲文字とが併記された額がかかっている。日本人は漢字をみて意味がわかるので、そのとなりにある、曲線のおおいふしぎな文字が満洲文字だとおしえられておわりである。最後の王朝・清朝皇帝の居城なのだから、満洲人たるかれらが、自分たちの文字をのこしているのは当然だし、「中国」だから漢字表記もあるのだな、という感覚でみているのだろうか。

紫禁城の漢字と満洲文字の額

しかし、かんがえてみればいささか妙である。満洲文字は表音文字なので、皇帝の勢威をもってすれば、漢語を母語とする「漢人」（モンゴルのいう「漢人」よりは範囲がせまい）官僚にも、最低限のよみかたぐらいはおぼえさせられそうなものである（そもそも官僚たちは、科挙の最終試験・会試《かいし》の合格者かそれに準ずる知識人であるから、額に書かれた程度のかんたんな満洲文字は、おぼえられるであろう）。ところが清朝は、漢語の公文書には満洲語の翻訳を作成し、満

「正大光明」の扁額

洲人を軽蔑する言論を弾圧し、男性は庶民にいたるまで、満洲人の髪型である辮髪《べんぱつ》を強要したにもかかわらず、漢人に満洲語修得を強制しなかった。むしろ皇帝が積極的に漢語を修得し、儒学の教養を身につけたのである。

内廷（皇帝のプライベート空間）にある乾清宮《けんせいきゅう》（皇帝の寝室や執務室につかわれた）の扁額《へんがく》「正大《せいだい》光明《こうめい》」は、清朝皇帝としてはじめて紫禁城（旧明朝の皇城、一時的には流賊・李自成の居城）にはいった第三代・順治帝《じゅんちてい》（在位一六四三〜一六六一）の御筆《ぎょひつ》といわれる。しかし「正大光明」という文字は、漢人の子が最初にならうレベルのかんたんな漢字であり、そのうえどうみても達筆ではない。ところがその下の四本の柱にかかる、第六代・乾隆帝《けんりゅうてい》（在位一七三五〜一七九五）の御筆は、二枚ずつで対句《ついく》をなす聯《れん》によって、皇帝統治のこころえといましめとが書かれており、雄渾《ゆうこん》な筆跡である。つまり漢語の素養はこどもレベルだった順治帝にくらべて、ひ孫は科挙官僚とかわらぬ教養をもっていたことがわかる。およそ一〇〇年のあいだに清朝におきた、劇的な変化をものがたる、貴重な遺物である。

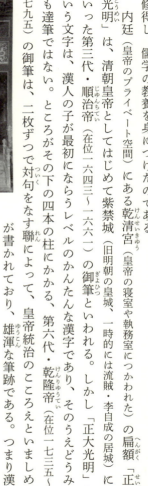

ヌルハチ

後金国の建国

さかのぼれば清朝の初代（太祖《たいそ》）とされるヌルハチ（在位一六一六～一六二六）、および第二代（太宗《たいそう》）ホンタイジ（在位一六二六～一六四三）の時代、満洲（この名前もヌルハチが女真〈「従う者」の意〉の名をきらってつけた）人はまだ北京にいなかった。かれらの故地は、そのとおい祖先がひらいた金朝同様、現在の中国東北地方であった。金朝はモンゴルにほろぼされたが、女真人じたいは元・明両朝下でも命脈をたもった。

明は自分の勢威になびかぬ集団を「生《せい》」、なびいた集団を「熟《じゅく》」とよんで区別した。ヌルハチのうまれた女真人の集団は、永楽年間に「熟」になったとされ、野生人参（いわゆる朝鮮人参）やテンの毛皮などを明にみつぎ、また明の許可をえて馬の交易もしていた。明は族長たちに複数枚ずつの交易許可証をだし、その配分はかれらにまかせたため、許可証をめぐる内紛などで、女真人はながくまとまりを欠いていた。つまり明は、利益分配をたくみにコントロールすることで、女真人がめさきの利益にとらわれ明に反抗する気概をうしなうようにしむけたし、いちど交易のうまみを知った女真人も、明との関係をたもとうとした。よって両者はながいあいだ、もちつもたれつの関係にあった。

ヌルハチが蜂起したのは、明との関係にからんで祖父と父とが非業《ひごう》の死をとげたからである。ヌルハチの祖父・ギオチャンガと父・タクシとは、地元の有力土豪で馬の取引に影響力のつよかった王杲《おうこう》（ただし漢人ではない）と姻戚関係にあった。そのため、取引に介入しようとした明の役人にたいして王杲がひきおこした反乱（一五七四～一五七五年）、およびその子息・アタイの反乱（一五八二～一五八三年）にまきこまれてころされた。ふたりのかたきをうつと決意したヌルハチは、もちつもたれつの関係にあった明朝そのものへの反逆を、最初からもくろんだわけではない。しかし一六一三年までに女真諸部をほぼ統一し、一六一六年にハン位について、独自の元号（天命）をつかうようになった。歴史的には「後金《こうきん》国《こく》」とよばれる、清朝の前身がここに誕生したのである。

馬の交易が原因で明とトラブルをおこしていたヌルハチだが、それ以外にも、野生人参を独占して高値で明にうりつけようとしたうえ、鴨緑江《おうりょくこう》北側丘陵地の帰属や、きくらげ・松の実・きのこなどの採集をめぐっても、現地でのいさかいがたえなかった。明朝側からすれば、「熟」としてあるまじきおこないである。さらに勝手に建国し、ハンをなのり、元号までかえた（暦の共有は、中国王朝にとって同化のどあいをはかる重要なバロメータであった）とあっては、ますますゆるしがたい。

しかしことここにいたっては、もはや明朝への依存をおわらせなければならないこと

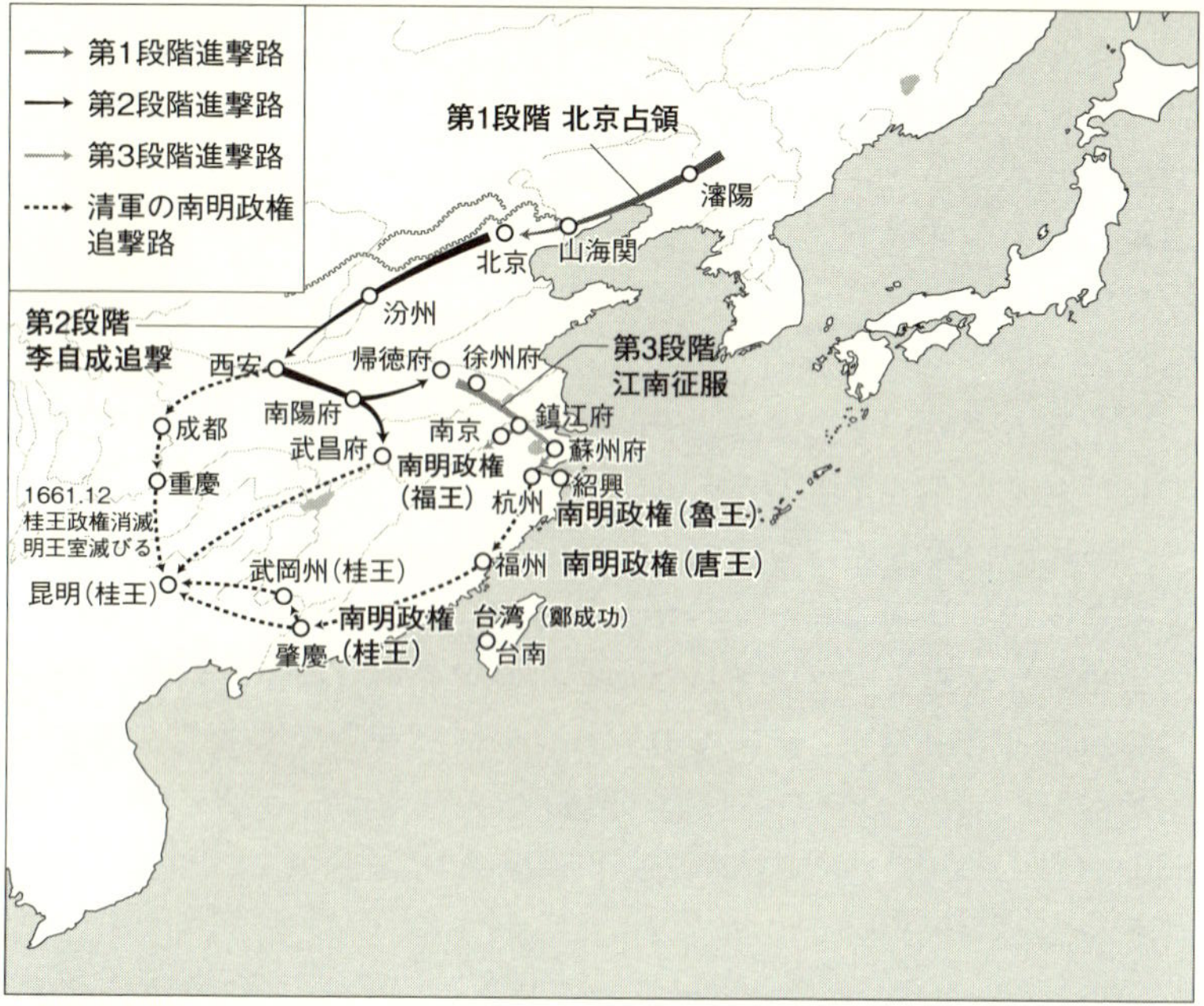
第1段階進撃路
第2段階進撃路
第3段階進撃路
清軍の南明政権追撃路
第1段階 北京占領
瀋陽
山海関
北京
汾州
第2段階
李自成追撃
西安
帰徳府
徐州府
第3段階
江南征服
南陽府
鎮江府
南京
成都
武昌府
南明政権
（福王）
蘇州府
紹興
杭州
南明政権（魯王）
重慶
1661.12
桂王政権消滅
明王室滅びる
福州
南明政権（唐王）
武岡州（桂王）
昆明（桂王）
南明政権
（桂王）
肇慶
台湾
（鄭成功）
台南

入関後の満洲族

は、ヌルハチにもよくわかっていた。一六一八年に反逆宣言を発し、一六一九年にはサルフの戦いで明・朝鮮連合軍を撃破する。その後ヌルハチは、漢人居住者のおおい遼河《りょうが》東側の地域まで支配下にいれた。これを奪還しようとする明朝は、ポルトガルから買った火器をつかって大反撃にでる（寧遠《ねいえん》の戦い、一六二六年）。大敗を喫したヌルハチは、まもなくして亡くなった。

八旗制度とは

清朝のつよさの一因としてかならずあげられる八旗《はっき》制度は、ヌルハチがはじめたことになっている。基本単位はニル（佐領）で、兵役と無償労働奉仕に服務できる成人男子三〇〇人（以下、数値はすべて時期により変動）をだせる、集落や集団をつくりだした。ニルは、その集落や集団から編制される部隊そのものをもさす、兵制上の単位でもあった（兵となるものはおおむね三人に一人）。なお「後金国」には、帰順したモンゴル人や朝鮮人武将のニルもあった。

ニル五つでジャラン（参領）をつくり、五ジャランで一グサ（旗）とする。グサには四色の旗（黄色・白色・藍色・紅色。ただしヌルハチ時代には白色はなかった）、および一色につきふちどりのない旗とある旗との二本をつくった。たとえばふちどりのない黄色い旗（およびそのグループ）は「正黄旗《せいこうき》」、同色でもふちどりのある旗は「鑲黄旗《じょうこうき》」、というように区別され、四旗の二倍であるから「八旗」である。戦時には各旗、およびそれ以下の単位にも、役割を分担させて複雑な戦法をとることができた。ふだんから生活をともにする仲間どうしで部隊が形成されているので団結力もあり、満洲人躍進の原動力となった。

ニル・ジャラン・グサの長は平時においては行政官、戦時においては指揮官であった。しかし上級の長が中間をとびこえて、末端の兵や民を把握できるまでにはなっていなかったし、グサの垣根をこえて介入することもできなかった。よってヌルハチも、自分の旗である正黄旗・鑲黄旗は把握していたものの、それ以外の旗は、基本的には息子や孫、おいなどにまかせていた。

このように、ハンがまだ完全な専制君主といえないのが清朝初期（後金国）の特徴である。しかし単位のなかでの主従関係は厳格であったし、論功行賞や処罰はハンが決めたといわれる。

後継者問題

各旗の独立性がつよく、ハンが完全な専制君主ではない体制であったため、ハン位の後継者えらびはむずかしかった。かつてモンゴルも、オゴタイの没後からクビライの即位と

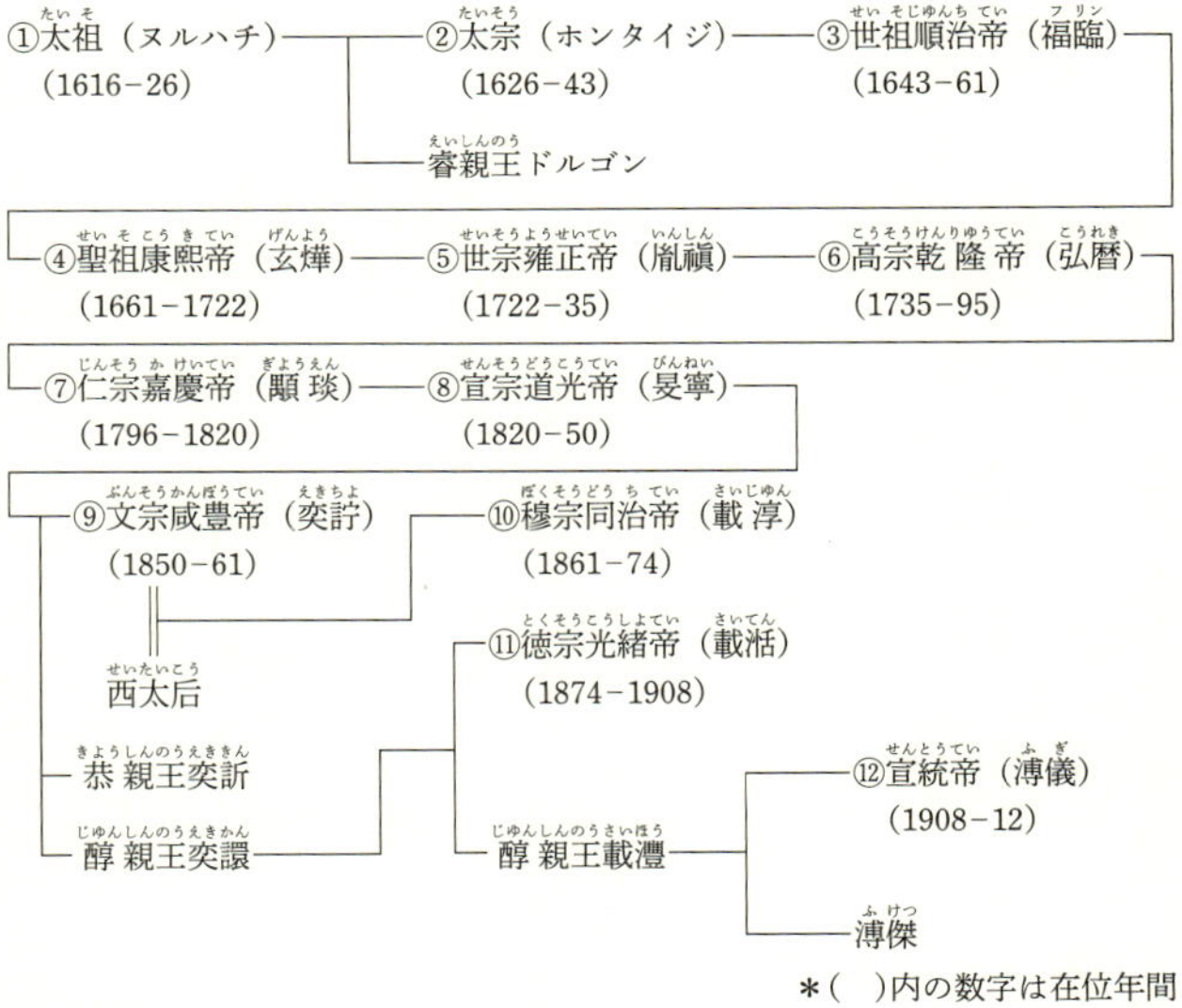

清朝帝系図

元朝創始までには、ハン空位時代が複数回あり、クビライとアリク・ブゲがともにハンをなのって内紛になったことからもわかるように、遊牧の民は、武力・見識・人望・財産・将来性・母の出自など、いろいろな要素を勘案して人物を評価する。そのため定住民のように、嫡出《ちゃくしゅつ》の長男が自動的に後継するというルールをもたなかったのである。狩猟採集から出発した満洲人も、実力本位主義ということではモンゴルとおなじであった。

ヌルハチも、ひとたびは長男・チュエンを後継としたものの、統治方針のちがいから対立し、幽閉（一六一三年）のうえ処刑している（一六一五年）。けっきょく皇太子のような存在をつくれなかったかれは、次男のダイシャン・三男のマングルタイ・八男のホンタイジ、およびおい（弟シュルガチの子）のアミンを四大ベイレ（親王）とさだめ、かれらの合議制で政治をおこなうようにレールを敷いた。

このなかで、最年少・最下位のベイレであったホンタイジは、モンゴル語や漢語も解し、ほかのベイレたちより教養があった点をかわれて、かれらの推戴をへて第二代のハンとなった。モンゴル南部をも征服して元朝の玉璽《ぎょくじ》（と伝えられているもの）を手にいれたかれは、兄弟やおいたちからしだいにグサの支配権を回収した。一六三六年には満洲人・モンゴル人・漢人の代表から推されるかたちをとって、国号を「大清《だいしん》」とあらため、その「皇帝」となった。つまり後金国は、ほんらい満洲人主体の国であったが、清朝が正式に発足したとき、その時点で満洲人にしたがっていたモンゴル人や漢人も、国をささえる柱とされたのである。よって八旗制度も、「蒙古八旗」「漢軍八旗」をくわえたかたちにととのえられていった。

ホンタイジは一六四三年に急死し、あとをついだのが先述の順治帝である。わずか六歳であった。兄たちをさしおいてかれが擁立されたのは、生母がモンゴル・ホルチン部出身だったからと推定されている。つまり（伝）元朝の玉璽を継承して、清朝がチンギス・ハンの末裔《まつえい》となった以上、遊牧・狩猟の社会では、チンギスが至高至尊の存在とされる以上、満洲とモンゴル双方の血をうけついでいる皇帝（兼ハン）でなければ意味がなかったのである。よって順治帝という存在は、満洲とモンゴル、狩猟採集社会と遊牧社会、その両方を結合する象徴として、重要であったとかんがえるべきだろう。実務は叔父のドルゴンが、「摂政王」としてとりしきった。

前節最後にのべたように、清朝は明朝を直接ほろぼしたわけではない。明をほろぼしたのは流賊・李自成であった。明の残党は皇族を擁して南下し、複数の亡命政権をつくった（南明《なんみん》）。いっぽう、北方のまもりとして山海関《さんかいかん》（北方諸族と漢人とをわける重要な関門）に派遣されていた明の武将・呉《ご》三桂《さんけい》は、出先で王朝の滅亡を知ったが、前面に満洲の軍勢がせまっていて進退きわまった。ドルゴンとの交渉により、両軍連携して李自成をうち、崇禎帝のかたきをとるという大義名分とひきかえに、呉は山海関をひらき、満洲の軍勢を北京にひきこむことになった（一六四四年）。清代史ではこれを「入関《にゅうかん》」という。

史上空前の繁栄

幼くして即位し、とおく故郷をはなれ、苦労して漢語を修得した順治帝は、二四歳で夭《よう》折《せつ》してしまう。そのつぎに即位したのも、やはり幼い（八歳）康熙帝《こうきてい》であった（在位一六六一～一七二二)。順治帝の摂政王ドルゴンはすでに死去していたため、順治帝の母(モンゴル出身)が太皇太后《たいこうたいごう》として後見し、満洲人の重臣四名が補佐した。順治帝の場合はドルゴンその他の皇族が補佐したが、康熙帝即位のころは国の体裁がととのい、臣下が補佐しても問題ないレベルにたっしていたことになる。

康熙帝は夭折した父とはちがい、その後六一年間も在位した。一四歳で親政を開始すると、南明征伐に貢献した三藩《さんぱん》(旧明朝から投降した呉三桂ら三人の有力武将。功績により王号を与えられ、現在の雲南《うんなん》・広東《カントン》・福建《ふっけん》方面で独立化)の反乱(一六七三～一六八一年)を鎮圧した。また最後まで南明にしたがい、最大の反清勢力であった台湾の鄭氏《ていし》政権(鄭成功《ていせいこう》の子孫)を討ち(一六八三年)、満洲人の故地に南下しようとしていたロシアをしりぞけて国境を画定し(ネルチンスク条約、一六八九年)、中央アジアからチベットに覇をとなえたオイラートの後裔、ジュンガルのガルダンを親征し(一六九〇、一六九六年)、ついには自殺においこんだ(一六九七年)。以後、雍正帝《ようせいてい》(在位一七二二～一七三五)、乾隆帝と名君がつづき、清朝は、現在の新疆ウイグル自治区やチベット自治区などに相当する広大な領域を手にいれ、繁栄を謳歌《おうか》することになる。

たんに版図をひろげただけではなく、康熙帝と雍正帝は政務にもはげんで内政を充実させ、とくに一七一一年以降に増えた人口については、家族のあたまかずにおうじて徴収す

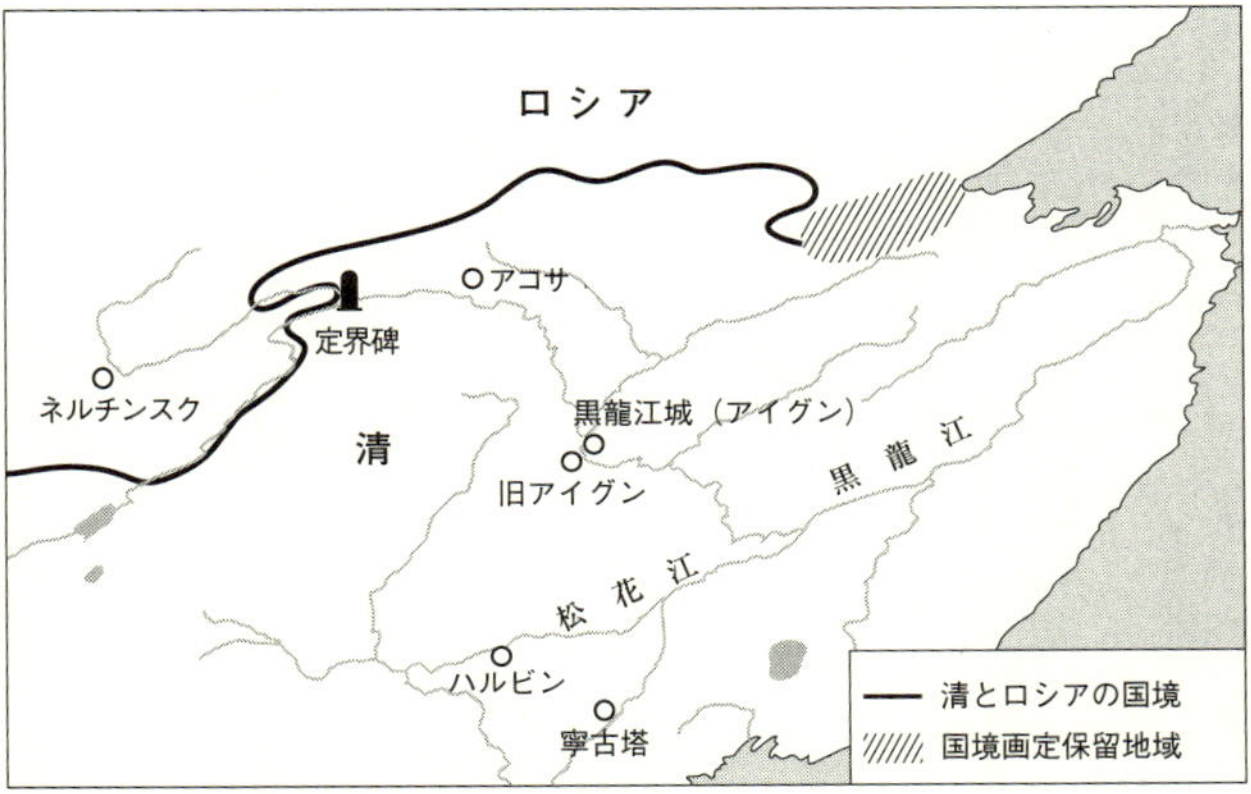

ネルチンスク条約が定めた清とロシアの国境

る税（丁銀《ていぎん》）を廃して、ほぼ土地税（地銀《ちぎん》）に一本化する財政政策を実施した（一七一三年以降）。これにより、徴税をおそれてこどもを殺すことも辞さなかった農民を安心させた。またこの安心感が農民にめばえた結果、かれらの生産意欲もたかまり、人口増だけではなく生産増をも清朝にもたらした。

当該の政策は、スペイン・ポルトガルの「大航海」が新大陸（南米）からもたらした銀（ヨーロッパとの交易で中国にはいった）と、日本との交易で入手した銀を、税収によって清朝が集中的に蓄積する装置としてもよく機能した。清代最高の、というにとどまらず、史上空前の経済好循環と繁栄が、このときの中国におとずれた。四庫全書編纂《しこぜんしょへんさん》をはじめとして、かずかずの大文化事業をてがけた乾隆帝は、祖父や父の偉業があったからこそ、さらなる花をさかせることができたのであった。

「満・蒙・漢」の統合体

本節冒頭にのべた、順治帝と乾隆帝の筆跡にまつわる話は、女真＝満洲＝清朝の歴史と性格をよくものがたっているという、筆者の意図はおわかりいただけただろうか。満洲とモンゴル双方の血をひく象徴的存在である順治帝が、故地をはなれて北京のあるじとなり、漢人をも統治するようになった。しかし漢人の目からみれば、皇帝はマイノリティの出身である。髪型は強制できても、マジョリティである漢人から、母語を完全にうばうのはむずかしく、それを強行すれば、統治に支障をきたす危険性がおおきかった。よって順治帝は漢語を修得し、「中華皇帝」としての面目をたもたなければならなかった。しかしこの努力があったからこそ、清朝は「満・蒙・漢」を包括した政権としてスタートできたといえるだろう。

いっぽう乾隆帝は、すでに漢語が公用語になっている環境でうまれ、最高水準の知識人となるよう教育された。モンゴル・満洲統合の象徴「ハン」としての顔、漢語と儒学を体得し中華の歴史を継承した「皇帝」としての顔、そしてチベット仏教「大施主《だいせしゅ》」としての顔。時代をくだるにつれ、生活形態も言語も宗教も、多様な民を内包するのが中国のおお

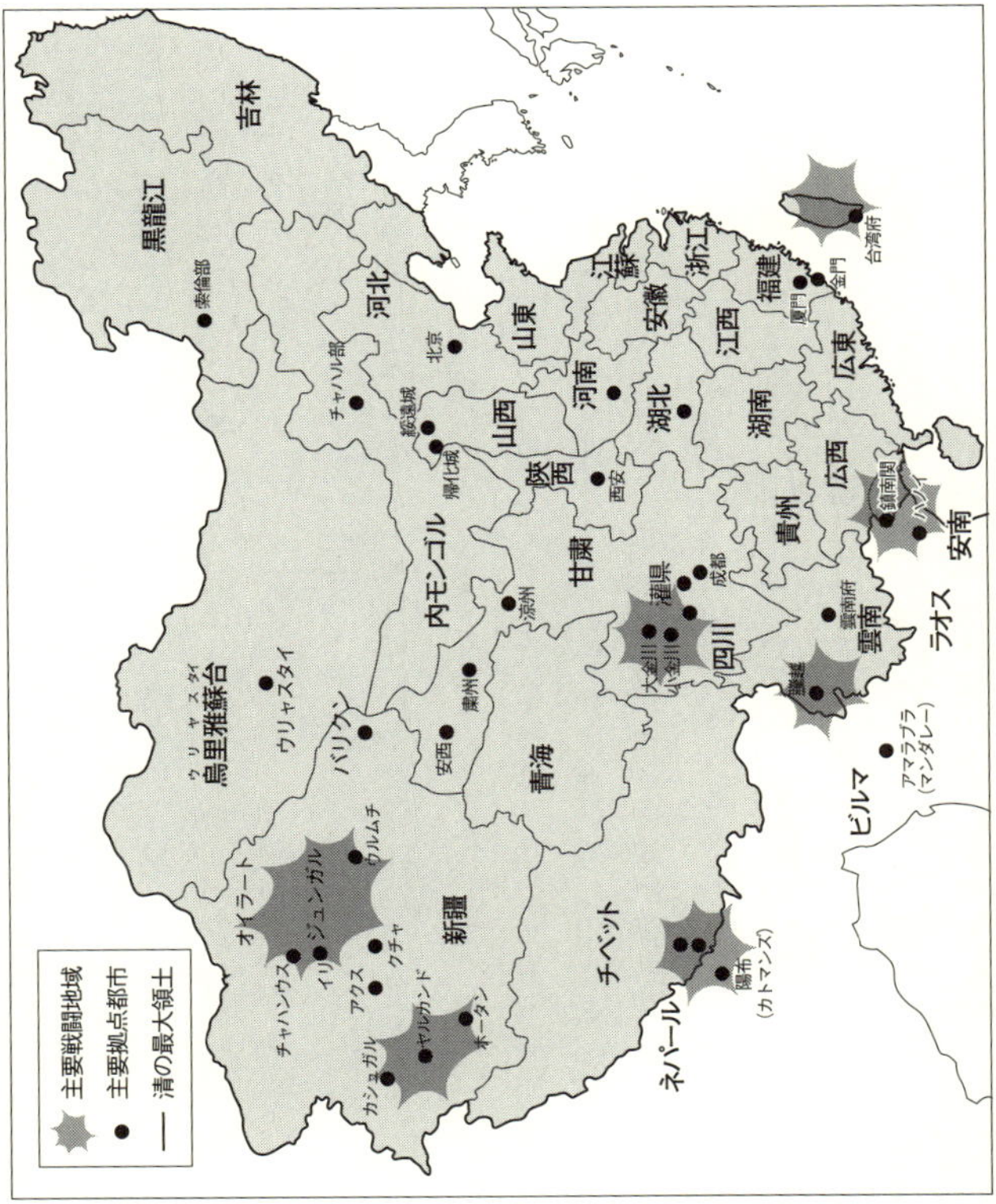

乾隆帝時代の清の最大領域

きな特徴になっていき、歴代皇帝はときにその困難に直面した。清朝も例外ではなかったが、乾隆帝は「顔」のつかいわけがたくみだった。たとえば多くの漢人官僚をしたがえるには儒学の説く「仁徳」の体現者、つまり中華皇帝としての「顔」が有効であるとかんがえ、自分をいましめる謙虚さを詩にうたいつつ、教養のたかさをしめす雄渾な筆跡をのこしたのである。

乾隆帝は在位六〇年をもって嘉慶帝《かけいてい》（在位一七九六〜一八二〇）に譲位し、「太上皇《たいじょうこう》」となのって八〇歳以上まで生きた。中国の皇帝は死ぬまで現役であるのが不文律《ふぶんりつ》であるから、祖父・康熙帝の在位年数（六一年）をこえないためとはいえ、自分の意思で位をおりたのは、ながい中国史をみわたしてもかれひとりだけである。清朝は康熙帝も後継者えらびに失敗をおかして皇太子を死なせてしまい、雍正帝の即位にも黒いうわさがとびかい、不満をもつ兄弟の反乱もあった。その雍正帝自身は皇太子を決めず、意中の皇子の名を記して密封した紙を「正大光明」の額の裏に隠した。紙は生涯になんどでも書きかえられると し、自身が崩御したおりに開封して、そのとき記名されていた皇子が即位するようにさだめた。この方法（儲位密建《ちょいみっけん》の法）によって、清朝をなやませてきた後継者問題はほとんどなくなる。乾隆帝は、この方法でえらばれた最初の皇帝でもあった。順治帝が父の急死をうけて、かなりの混乱をへておじたちに擁立されたのとは対照的である。清朝皇帝が、皇族連合体の王にすぎなかった状態から、名実ともに専制君主になっていくプロセスも、またここに凝縮されている。

この皇帝をささえていたのが、基本となる「満・蒙・漢」の連合を体現して整備された、旗本集団ともいうべき三系統の八旗であり、また科挙制度にもとづく官僚組織であり、この両輪がしっかりまわっていたことも、清朝のおおきな特徴なのである。

第三章　近代「軍」のめばえ

もう一つの「軍」

清朝の長期安定統治を支えたのは「満・蒙・漢」の八旗であったと前章で指摘したが、その武力は八旗だけで構成されたわけではなかった。平時の治安維持にあたり、民との接触がおおかったのは、「緑営《りょくえい》」という軍隊であった。

モンゴルが旧南宋兵力の一部を吸収したように、清朝も、旧明朝の衛所制下の軍人のうち、帰順希望者を整理収容した。漢軍八旗の前身である天祐軍《てんゆうぐん》に緑色の旗をもつ部隊があったことにちなんで、帰順希望者の部隊には緑の旗をあたえ、八旗とは区別した。緑の兵営ゆえに「緑営」という。

緑営は順治年間（一六四四～一六六一）に、全国にすこしずつ設置されていった。主要任務は、犯罪者の捜索や捕縛・管轄地の警邏《けいら》巡回といった、警察にちかい業務である。営兵の縁故者が優先採用され、それでも欠員がでた場合のみ、一般から募集された。衛所制では将兵の世襲が原則であったが、清朝でも、縁故採用を前提とした兵制を存続させたことになる。

おおむね都を守備する京師《けいし》巡捕営《じゅんほえい》と、各省駐屯の緑営とに別けられる。前者には順治年間に三営（南・北・中）がまず設置され、乾隆年間（一七三六～一七九五）に旗人《きじん》（八旗に属する者の総称）による二営が追加されたため、最大で約一万人いた。乾隆年間なかばから嘉慶年間（一七九六～一八二〇）初頭にかけて最大規模となり、全国に約六〇万人いたと推定されている。

なお緑営の部隊をしめす「標《ひょう》」という名称は、満洲語のハルトゥンガ hartungga（属下、属衆）に由来するとされる。このことばからうかがえるように、緑営も、管轄官の私兵という側面をもっていたことになる。

また緑営のになう警察的業務は、かれらだけの専管事項ではなかった。省の下におかれた州・県の行政官庁には、同様の任務にくわえて、囚人の監視や、変死者の検視と埋葬などをおこなうものが存在したからである。かれらの仕事には一般人（良民）が従事してはならないとされ、彼ら自身も蔑視されていた。

一般人とは別戸籍であったかれらの業務のうち、一部が軍隊と重複するというのは示唆的である。かれらと接点があり、なおかつ縁故採用で均質化がすすんでいる緑営もまた、蔑視されていたからである。

歴史学的にはよく「八旗緑営」とひとくくりにされるが、成立の経緯・任務・社会的地位はずいぶんちがう。清朝は、のぼり坂の時代にはこの異質の軍隊をうまくつかいわけていたが、世襲と縁故採用で存続する軍隊ゆえ、軍事訓練がしだいにおろそかになり、軍規がゆるみ、実戦で逃げるものもでるようになる。このほころびが最初に露呈してしまうのが「白蓮教徒の乱《びゃくれんきょうと》」（一七九六〜一八〇四年）であり、決定的になるのが太平天国の乱《たいへいてんごく》（一八五一〜一八六四年）であった。

1　白蓮教徒の乱

終末思想の結社

白蓮教は南宋初期、蘇州《そしゅう》の僧侶・茅子元《ぼうしげん》が創始したとされる仏教結社で、弥勒菩薩《みろくぼさつ》を崇拝し、祈禱《きとう》やまじないによる病なおしで信者をふやした。元末においては、黄河の決壊とその修復工事とにつかれはてたひとびとにたいして、天下の反覆と光明の回復とを説いた自称「白蓮教主」韓山童《かんざんどう》らが蜂起した（紅巾の乱、一三五一〜一三六六年）。これに参加した朱元璋がほかの反乱諸軍を制圧し、モンゴルを北方へおいやって、明朝を樹立したという経緯がある。「明」という国号自体が、光明の世界を希求した、白蓮教の教義を暗示しているという説もある。

弥勒仏は釈迦《しゃか》が入滅《にゅうめつ》して五六億七〇〇〇万年後、人間世界の窮乏がきわまった末世《まっせ》にあらわれ、この世を浄土にかえ、あわせて二八二億人ものひとびとをすくうとされている救世主である。朱元璋は白蓮教を信奉する集団（茅子元の直系ではない）による反乱をきっかけに擡頭したにもかかわらず、やがてその色彩を消しさり、皇帝に即位すると、ぎゃくに邪教として弾圧した。そのおしえが、王朝統治に不満をもつひとびとを糾合《きゅうごう》する危険性をもつことを熟知していたためだろう。以後、公式に白蓮教をなのる団体は消滅する。

しかし社会不安がたかまると、「末世がきわまり弥勒仏があらわれるのは今だ」、「今こそすべてがあらたまるのだ」とおもうひとびとがでてきて、救世主のうまれかわりを自称する教祖が、かれらを扇動することはさけられなかった。清代、嘉慶年間に勃発した「白蓮教徒の乱」とは、弥勒仏を信仰する三つの宗教結社が連合しておこしたものだが、どれも「白蓮教」とはなのっていなかった。にもかかわらず、清朝側がそのような要素と一体性とを認定したために、いまだに「白蓮教徒の乱」とよばれているのである。

現世の完全な否定と破壊とによって、弥勒仏に救済されるとかれらは信じていたので、八旗と緑営とを総動員して清朝が鎮圧にかかっても、ひるむことはなかった。かたや八旗と緑営は、世襲や縁故採用のめぐりあわせで運わるく動員された（平時ならばたたかう必要はない）集団であるから、そもそも戦意がひくく実戦能力も欠如しており、逃亡者が続出した。かくして反乱は、現在の四川《しせん》・湖北《こほく》・陝西《せんせい》・河南《かなん》・甘粛省《かんしゅく》などの各地に拡大した。

一般人が戦う時代

騒動にまきこまれた各地では、にげだした八旗や緑営にかわって、清朝および地元の有力者が現地採用した義勇兵（郷勇《きょうゆう》）や、住民で組織された自衛団（団練《だんれん》）が、前線にたってたたかわざるをえなかった。たとえば湖北省の随州《ずいしゅう》では、「堅壁清野《けんぺきせいや》の法《ほう》」がとられた。中国の都市は城壁でかこまれているため、その外側の土地を焼きはらってふかい濠《ほり》を掘ったうえで、城内のひとびとが籠城《ろうじょう》する戦法である。城壁をよじのぼろうとする敵を上からつきおとし、あるいは城外に陣取る敵にたいしては、城壁・城門にうがった穴から攻撃する。それでも通敵者・逃亡者はでるし、攻撃してもいきのこった反乱軍が城内へと侵入してくる。籠城がながびけば食糧難におちいる危険はあるので、そうとうな覚悟が必要だろう。作戦の主体は、士気のあがらぬ八旗や緑営ではなく、現地のためにいのちをかける覚悟があるものでなければ、とうていつとまるまい。

郷勇・団練にはじゅうらいの募兵同様、住所不定の無頼の徒もあつまっていたが、居住地の防衛にかぎっていえば、有力者が把握している農民や戸籍で管理されている一般民、つまり現地住民といえるひとびとも、おおく参加していたようである。かれらは生活基盤を破壊されたらいきていけないので、郷土をまもるためならば奮戦する。しかし現地民が戦時に兵となるのは、清代に突如としてあらわれた現象ではなく、第一章でふれたように、安史の乱以降、みゃくみゃくとつづいてきた慣例であったからこそ、清代にも採用されたとみるべきだろう。

世襲・縁故の将兵がたんなる身分保障へと堕していき、募兵がつねに流民救済策であったことをかんがえると、郷土防衛限定（期間・範囲限定）の民兵こそが、そのかぎりではたよりになったのである。郷土の危機に郷勇・団練を主力とする戦法は、「白蓮教徒の乱」鎮圧での成功を機に、のちの太平天国の乱鎮圧でも採用されることになる。

なお郷勇は、郷土防衛だけではなく野戦にも転用され、そこでも戦闘の最前線にたたされた。かれらがにげると第二列の緑営兵がこれを斬《き》り、緑営兵がにげると第三列の八旗兵がこれを斬った。たいする「白蓮教徒」も、捕虜に兵器をもたせて最前列でたたかわせ、主力部隊ほど後方にさげる戦法にかえたという。いずれにせよ「白蓮教徒の乱」を契機として、一般人をふくむ非正規軍が主体的にたたかう時代が到来し、無頼ではない一般人でも武器にふれる機会がふえ、官軍（八旗と緑営）にたよらない気運がいっそうたかまっていくのである。

2　太平天国の乱

アヘン戦争敗北

一八四〇年六月から八月にかけて、広東省広州《こうしゅう》近海に集結したイギリス艦隊は、軍艦一六隻・輸送船二七隻、東インド会社の武装汽船四隻という威容をほこっていた。たいする清朝にはじゅうぶんな銃器がなく、手こぎの帆船（ジャンク船）で応戦するだけだったため、イギリス軍の砲撃になすすべもなかった。

清朝はながらくアジアでひとり勝ち状態だったので、平時から海上防衛をおろそかにしがちであった。ゆえに、戦時に即応できる機動性や、最新の装備・軍事情報をもっているはずもなかった。このイギリスとの一戦、すなわちアヘン戦争に負けて（一八四二年）、中国は近代資本主義世界になげこまれることになる。

とくに乾隆年間以降、清朝はヨーロッパとの通商を広州一港にかぎり、特許をあたえた商人（公行《コホン》）とだけとりひきさせ、交易期間や商館区域まで制限していた。収益は関係官僚たちの横領をのぞけば、おおむね皇室にはいった。主導権はあくまでも清朝側にあったため、イギリスは乾隆年間から、対等で無制限の（「自由」）交易をもとめてきた。しかし

「物資のとぼしい『夷狄《いてき》』にあまった物資をめぐむ『中華』」・「『中華』が上で『夷狄』は下」（「華夷の別」）というたてまえをもつ清朝に、そのような要求は理解されなかった。

いっぽうで中国の茶・絹・陶磁器などはヨーロッパで珍重されてよく売れたため、イギリスは大量に買いつけた。だが中国に売って金にかえられる自国製品はほとんどなく、つねに輸入超過になやまされた。その赤字をうめるために、インド産のアヘンを売るようになって、入超からじょじょに脱したのである。

アヘン戦争

アヘンが中毒症状をもたらす危険薬物であることは当時でも知られていたうえ、支払いに多額の銀（税制と経済の根本）があてられていることを問題視した清朝は、これを禁制品とし、売買・吸飲をきびしくとりしまった。

欽差《きんさ》大臣《だいじん》（特別任務を命じられた全権大臣）として林則徐《りんそくじょ》（一七八五〜一八五〇）が広州に派遣されたのは、清朝のこうした国策による。彼は職務を忠実に遂行したが、最新鋭の鉄製汽走砲艦・ネメシス号まで投入したイギリスを撃退することはできず、大臣を解任されたうえ、流罪の身として新疆におくられてしまう。

この戦争が特筆されるのは、中国における近代資本主義時代の幕あけだからというだけではない。中国が中国だけのルール（「華夷の別」・朝貢・漢字文化圏内での優位・暦の共有など）ではいきていけない、ヨーロッパの価値観や諸外国との利害関係になやまされる時代になった、という意味でも重要なのである。アジアでひとり勝ちできた時代のおわりといってもよい。

しかしそれは、歴史を俯瞰《ふかん》できる現在だから指摘できることでもある。南京条約で香港《ホンコン》島《とう》を割譲させられたとはいえ、領土や国境の意識がまだ希薄だった当時のひとびとが、この重大性をただちに認識できたとはおもえない。清朝を真の意味で危機におとしいれ、とくに長江以南のひとびとを翻弄したのは、太平天国の乱であった。

太平天国とは

太平天国の乱は、広東省の客家《ハッカ》（漢族内のマイノリティ。魏晋南北朝の戦乱をさけて華北から南下してきたとされる。広東・福建両省を中心に居住）出身の洪秀全《こうしゅうぜん》（一八一四〜一八六四）が、科挙に合格できない不遇のすえに、プロテスタント伝道の漢語小冊子に触発されたことからはじまる。「兄」たるキリストと「父」たる神に夢で遭遇し、現世の邪悪を絶滅するように命じられたと信じこんだ洪は、新興宗教団体・拝上帝会《はいじょうていかい》をひきいて「世なおし」にのりだした。

白蓮教が、とおく南宋にさかのぼる仏教結社であるのにたいして、拝上帝会は、キリスト教系新興宗教といえそうである。しかし洪のおしえには、儒学の倫理や道教の影響、土俗的な習慣の重視などがたぶんにふくまれていた。また拝上帝会は、かれじしんの説教よりも、「病なおし」のまじないができる信者や「神おろし」の能力をもつ信者の「布教」によって、教勢が拡大したのが真相であった（シャーマンでなかった洪秀全は、教祖でありながらカリスマ性に欠け、シャーマンの信者に屈服するしまつだった）。キリスト教というあたらしい要素だけがひとびとをひきつけたわけではなく、非科学的な神秘体験と現世破壊への期待感が信者をあつめたという点では、嘉慶年間の「白蓮教」と共通するものがある。

天父（神）をおろせる信者が、道光《どうこう》三〇（一八五〇）年における世の終末を預言したあと、「拝上帝教」の信者がおおい広西省貴県《こうせいしょうきけん》で、客家とほかのマイノリティ（チワン族など）とによる武装闘争が激化して、客家がやぶれ行き場をうしなうという事態がおきる。これを「世の終末」ととらえた客家は、拝上帝会に庇護をもとめた。近隣の村にこうした客家がぞくぞくとあつまりついに清軍と衝突し（一八五一年）、以後一四年間にわたる流浪と戦闘の日々がはじまる。地上にやすらかなる神の国（太平天国）をつくるべしとの啓示は、最初の蜂起のころにくだったとされる。

北京
天津
直隷省
(現河北省)
太原
山西省
蘭州
甘粛省
陝西省
黄河
済南
山東省
西安
鄭州
河南省
成都
四川省
淮水
江蘇省
湖北省
安徽省
揚州
漢口
安慶
南京
武昌
長江
九江
上海
杭州
昆明
湖南省
長沙
南昌
貴州省
貴陽
雲南省
浙江省
江西省
桂林
福建省
広西省
福州
武宣県
金田村
広州
広東省
台湾
太平天国軍の南京進撃路

太平天国の乱

そのご、かれらは湖南・湖北両省へとすすんで北上しつづけ、ゆくさきざきでおなじような流民、あるいは清軍の投降・逃亡兵を吸収し、占領地域の住民から金品・食糧・労働力を供出させながら（辮髪を解いて天国軍の要求にしたがう、といった態度をしめせば寛大に処遇し、信仰を強制しなかった）、どんどんふくれあがっていった。一八五二年ごろには、挙兵以来の広東・広西両省出身者は前線にほとんどのこっておらず、主力は湖北・湖南両省出身者になったほどであった。

このことからわかるように、太平天国の集団（清朝はその髪型にちなんで「長髪賊」とよんだ）は古参の信徒だけではなく、蜂起後の入信者や、信仰心を共有しないひとびとをも相当数かかえこんでいた。おそらく「白蓮教徒の乱」やそれ以前の宗教反乱もおなじであり、紛争や災害によって故郷を喪失し、あるいは飢餓にせまられて故郷をすてた流民の大移動と、共通する要素があったとみてよいだろう。

一八五三年にはついに南京を占領し、軍勢は二〇万人以上になった。洪秀全はみずから「天王《てんおう》」となのり、太平天国の都として南京を「天京《てんけい》」と改名し、独自の暦・貨幣・土地制度・行政制度などにもとづく、清朝とは別の国を建設するいっぽう、なおも七〇〇〇人もの軍勢を北上させて、北京陥落をめざした。

曾国藩

郷勇の誕生

かつて明朝が都をおき、清代でも華中統治のかなめとして重視されていた南京がおとされ、なおかつそこを首都とする自称「太平天国」が成立したということは、長江以南に清朝の支配がおよばなくなったことを意味した。北上する天国軍を阻止し、すでにうばわれた地域を奪還しなければ、清朝の存続自体がきわめてあやうい。その意味で、アヘン戦争とはくらべものにならない危機だったのである。

太平天国は、その軍勢の規模や移動範囲が圧倒的であり、悪の根源を清朝とさだめてからは、いっそうはげしいたたかいぶりであったため、八旗と緑営を投入しただけでは制圧しがたかった。この窮地をすくったのは、漢人官僚・曾国藩《そうこくはん》（一八一一～一八七二）や李《り》鴻《こう》章《しょう》（一八二三～一九〇一）らが組織した郷土防衛軍、すなわち郷勇である。曾は湘江《しょうこう》流域の湖南省出身であったため、その略称たる「湘《しょう》」の軍隊（＝湘勇）、李は淮河《わいが》流域の安徽省《あんきしょう》出身であったため、その軍隊は同様に「淮《わい》」勇と呼ばれる。

二人はたまたま親の喪に服して一時的に官職をはなれて帰郷していたのだが、太平天国軍が郷土を荒らし、流民を発生させ、あらたな社会不安を醸成していることに、おおきな危機感をいだいた。それは清朝の安定統治と空前の繁栄とをくつがえし、ひいては儒学の倫理にもとづく「中華世界」全体をも破壊する危険につながるものであったから、かれらは科挙官僚としての人望をたのみとして、郷里の知識人や有力者たちに決起をよびかけた。皇帝が満洲人で、自分たちが漢人であるという差異は問題ではない。天国軍以外の全員が、よってたつべき「世界」の崩壊をくいとめる使命があるとかれらはかんがえた。かれらにとって、郷土の救済は世界の救済と同義であった。

この感覚は、儒学を共通の基盤とする知識人や有力者であれば、容易に共有できるものであった。趣旨に賛同したひとびとは、資金・食糧・武器の援助や人材提供、郷勇の募集など、多岐にわたる協力をおしまなかった。曾も李も文官であるから、本格的な軍事知識などもっていなかったが、明代の軍事書を参考にして、ことに指揮官の人選には細心の注意をはらった。礼部《れいぶ》右侍郎《ゆうじろう》（科挙試験や朝貢、宮中儀礼全般を管轄する礼部の次官）経験者であった曾国藩は、いかなる人にも同等の礼をつくして軍隊を組織し、官憲の力にたよらないという方針をつらぬいた。

天国軍討伐戦でも、八旗や緑営のたたかいかたは「白蓮教徒の乱」鎮圧とおなじであった。つまり最前列に郷勇、第二列に緑営兵、第三列に八旗兵、の順である。郷勇がてがらをたてれば八旗や緑営が自分の軍功にすりかえ、逃亡者や戦死者の数をごまかし、ときには勝敗の結果さえ、いつわって報告することもあった。それでも清朝が八旗と緑営をつかったのは、身分保障（世襲や縁故採用による将兵は、家族も含めて面倒をみるというたてまえ）をくずさないためだろう。

郷勇は当初、地域・期間限定であったが、天国軍から予想以上の反撃をうけたため、けっきょくは常備軍として転戦させられた。そうなると、曾国藩らの目もゆきとどかなくなる。単純な増員、また戦死傷者・逃亡者・投降者によってしょうじた欠員を補充するために、あるいは転戦への従軍を拒否して郷里にとどまったものの穴をうめるためにも、無頼の徒や天国軍からの逃亡兵を積極的にもちいなければ兵力を維持できなくなった。この段階になると募兵の弊害がでてきて、軍規をみだすもの・戦意のないものもふえていった。

以上のように途中からは変質した「郷勇」だが、それでも討伐軍の主力でありつづけ、一八六四年に「天京」を陥落（南京を奪還）し、太平天国をほろぼした。

大きな変化

この乱で特筆すべきことは、あと二点ある。ひとつは、軍事費の現地徴収が黙認されたことであった。

「兵・民」の維持に「財」が不可欠であり、歴代王朝がその確保に腐心してきたことは本書でなんどものべてきたが、郷勇も例外ではなかった。有力者からの寄付は重要な資金源ではあったが、討伐戦がながびき転戦を余儀なくされれば、それだけではとうていたりない。また財政難の清朝に、郷勇への資金援助は期待できない。そのため、制圧した地域の随所に関所をもうけ、そこを通過するひとびとや貨物から通行料をとって軍事費を調達したのである。

このように「財」の問題を解決したからこそ、郷勇は変質しつつも主力軍たりえたといえる。徴収しやすい口実をさがして、軍隊が資金を調達するということ自体は以前からあったが、その状態が長期化して広範囲に定着したことで、郷勇が常備軍に変化しえたともいえるだろう。いずれにせよ、「兵」と「財」との密着は、もともとあった郷勇の私兵的な性格（自分が属する系列の上官の命令にのみしたがう）を、いっそうつよめることにもなった。

第二の重要点は、中国の内乱に欧米人がふかく関与したことである。たとえば清朝がアメリカ人・ウォードに依頼して中国人傭兵部隊を統率させ、のちにイギリス正規軍出身のゴードン大尉がそれをひきついだ（「常勝軍」とよばれる）。あるいは天国軍《てんごくぐん》（李秀成《りしゅうせい》軍）に参加し、のちに回想録を書いたリンドレーの例もある。これらが可能であった背景には、太平天国と同時期に清朝が直面した第二次アヘン戦争（アロー戦争、一八五六〜一八六〇年）の影響があった。

中華主義の終焉

イギリスは、アヘン戦争だけではじつはアヘンの自由交易・販売権を獲得できず、また香港総督と清朝側関係官僚との対等な交渉権も獲得できていなかった。清朝側が主導権をもつ公行制度を廃止させ、広州一港にかぎられていた通商港を上海など五港にまで拡大させ、不平等条約で優位にたったようにみえるものの、主力商品のアヘンは依然として禁制品であった。またイギリスがのぞむ対等外交のための専用窓口すら清朝側にはなかった。ちなみに「外交」という用語もまだなかったため、それに相当する事務は、「中華」のしたにある「夷狄《いてき》」にかかわることがら、すなわち「夷務《いむ》」とよばれた。

このような状況下で、一八五六年、香港船籍のアロー号が不当な臨検をうけ、そのさいイギリス国旗がひきずりおろされるという事件がおきた。イギリスはこれにいいがかりをつけ、宣教師の殺害事件について抗議していたフランスをさそって、交易や外交上の完全な優位をかちとろうとしたのが、第二次アヘン戦争の内実である。

一八五六年というと、太平天国は南京を「天京」とさだめた（一八五三年）あとで、まだいきおいさかんな時期であり、これにくるしめられた清朝には、英仏連合軍とまともにたたかえる力がなかった。北京ののどもとの天津《てんしん》に進駐され、一八五八年にいったんは英仏と講和条約（天津条約）をむすんでいる。ただし条約というものは、締結しただけでは効力をもたず、国家元首同士の批准交換をへて発効する（ちなみに同時期に天津条約をむすんだロシア・アメリカとは批准交換している）。よって中国であれば皇帝が決裁し、これを英仏国王の決裁したものと交換してたがいにもちあう必要があったため、英仏両国はそれをもとめて上京した。

しかし「夷狄」が皇帝のそばちかくにくるのを嫌悪した清朝は、使節団を砲撃した。そのためふたたび戦端がひらかれた。清朝の咸豊帝《かんぽうてい》（在位一八五〇〜一八六一）は、のちの西太后《せいたいこう》をともなって、みやこおちすることを余儀なくされた。英仏連合軍が皇帝不在の北京で掠奪暴行のかぎりをつくし、乾隆帝が築いた離宮・円明園《えんめいえん》（西洋風の宮殿や庭園があった）を破壊したのはこのときである。

けっきょく一八六〇年に北京条約がむすばれて戦争は終結するのだが、この条約には外国人の常駐・在住を可能にする内地旅行権、あるいは中国在住外国人の保護、さらには清朝中枢部との直接交渉をも可能にする、公使の北京常駐という、画期的な内容がふくまれていた。またアヘンが「洋薬」という名目にかわり、清朝の税金をかけられることとなって合法化され、イギリスが香港島対岸の九龍《カオルン》半島にまで植民地をひろげ、清朝がついに外務省にあたる官庁「総理《そうり》各国《かっこく》事務《じむ》衙門《がもん》」を創設し、公文書で「夷」の字を使用しなくなった（「夷務」は「洋務」となった）ことも重要ではある。しかし、内地旅行権がみとめられたからこそ、アメリカ人やイギリス人が植民地香港あるいは開港地の外、つまり中国内陸部にも公然とはいれるようになったのである。イギリス人・リンドレーが天国軍に接触して加入できた背景にはこれがある。また公使が北京に常駐するといううしろだてがあるからこそ、中国の傭兵部隊を、イギリス正規軍の大尉・ゴードンが指揮しつづけるという、通常ならばありえない事態（本来は開港地・上海をまもるためであったが任務は拡大した）も黙認された。公使が北京に常駐していたからこそ、天国滅亡までに発生した軍事・外交上の諸問題にも、欧米は対処できたのである。

太平天国の乱で、清朝の軍隊には、郷勇の擡頭および常備軍としての定着という、きわめて大きな地殻変動がおきた。それまでも募兵や傭兵は重要な存在であったが、主力軍としてのあつかいはあまりうけず、たてまえ上は副次的ないし臨時的な軍隊であるという位置づけであった。しかし未曾有の内憂外患、同時多発的な危機の到来により、そのようなたてまえすらも中国は維持できなくなったのである。ぎゃくにいえば、「正規軍」の存在意義は、そこにぞくするひとびとの身分と生活の保障をのぞいては、ほとんどうしなわれた。このことは、「国」（王朝）への帰属意識や忠誠心をもつ軍隊の、建設と強化とをきわめてむずかしくした。それだけではなく、「国軍」を中核とする、近代国民国家の形成そのものをも阻害する要因になった。

また同時期に勃発した第二次アヘン戦争により、外国人が中国の軍事・外交・内政に介入しうる、その根拠となる条約（天津・北京条約）がむすばれた。以後の中国は、内外双方からのはたらきかけにはげしくもまれながら、より大きな変容をとげていくことになる。

3　洋務運動

近代化への模索

太平天国の乱が鎮圧される前年（一八六三年）、直隷《ちょくれい》総督・劉《りゅう》長佑《ちょうゆう》（一八一八〜一八八七）は、かつて自分も所属していた湘勇にならって緑営を再編し、「練軍《れんぐん》」を組織した。この時期、八旗と緑営がその無能ぶりを露呈して主力軍たりえなくなったことは事実だが、かといってこれを全廃すれば、かれらの生活がなりたたない。八旗はまだしも、緑営の場合は絶望的といってよいだろう。劉長佑の改革は、世襲と縁故採用とで硬直化・弱体化した緑営に、郷土防衛軍たる湘勇の士気と、新たな人材とを注入する効果があったとかんがえられる。その後、曾国藩や李鴻章もあいついで緑営の再編をすすめたため、一八八〇年代にはおおむねかたちがととのい全国に普及した。また湘勇や淮勇は、「防軍《ぼうぐん》」という軍隊に再編されひきつづき防衛の中心をになうことになる。このように太平天国の乱を契機として、軍隊内部での主客転倒がおきていたことは注目にあたいする。

なお曾国藩は天国鎮圧をひとくぎりとして、また西太后の警戒を察して、みずからの軍事力をしだいに縮小したが、天国軍と同時期に蜂起した捻軍《ねんぐん》その他の反乱軍を鎮圧する任務をはたすため、李鴻章はむしろ軍隊を充実・拡大していった。

緑営や郷勇を再編するいっぽう、曾国藩や李鴻章がとりくもうとしたのは、近代的な軍備をもち、系統的な軍事訓練をうけた、あらたな軍隊の育成であった。第二次アヘン戦争における英仏連合軍や、太平天国の乱における常勝軍などをみれば、近代軍なしには敵軍の侵略がふせげないばかりか、国内のおおきな反乱を鎮圧するのも、もはやむずかしかったからである。

しかし、正規軍の装備や訓練を長期間なおざりにしてきた清朝で、いきなり強兵策を講じて、しかもながらく「夷狄」とさげすんできた西洋にならって軍事改革を断行するとなれば、「祖宗《そそう》の法《ほう》」をおかすのかという、儒学倫理をふりかざした反発は必至であった。よって軍事改革をみすえながらも、もっとも抵抗がすくなくそれでいて基礎的な分野、つまり工業技術の導入と、新式の工場建設から着手し、列強に対抗できる製品（軍需製品をふくむ）を国内で生産し、輸入依存から脱却するという計画がたてられた。

不平等条約によって関税自主権を喪失した清朝にとっては、割高な輸入品への依存じたいがおおきな負担になっていたので、それをとりのぞくための改革だとなれば反発は減る。しかし輸入依存率をさげ、重要産品の国産比率をあげるというのは、あいつぐ内憂外患で財政が破綻している清朝にとって、ひじょうに困難な改革であった。けっきょくは曾国藩や李鴻章ら、天国軍鎮圧に活躍した漢人官僚が自己資金を投入し、あるいは官・民からの投資をつのって、工場を建て原材料を購入し、外国人技術者をやとい、監督責任者となっていかざるをえなかった。おおむね一八六〇～一八九〇年代におこなわれたこの一連の富国強兵策を、中国史では「洋務《ようむ》（自強《じきょう》）運動《うんどう》」と総称し、それがもたらした一時的（ないし部分的）な平和と安定とをさして、当時の元号から「同治中興《どうちちゅうこう》」という（同治帝〈在位一八六一～一八七四〉は咸豊帝と西太后とのひとり息子で幼君であったため、じっさいには西太后が後見人として朝議にでた〈垂簾聴政《すいれんちょうせい》〉）。

中体西用

なお官僚自身はきわめて多忙で経営の細部にまで関与できないため、「幕僚《ばくりょう》」とよばれるブレーンや、「買弁《ばいべん》」とよばれるエージェント（外国商人の代行業者や通訳）が経営にあたることがおおかった。官僚が名義を貸し、工場経営に必要な許認可をあたえ、官僚ではないひとびとがじっさいの経営にたずさわる形態を、「官督商弁《かんとくしょうべん》」という。経済・軍事の大改革をおこなうということ、また第二次アヘン戦争の結果、対等国間外交の世界にひきだされた清朝には、ほんらいであれば政治改革も必要であった。しかしながらく「中華」を自負してきた清朝にとって、父祖伝来の法や制度、あるいは儒学の倫理そのものと直結している政治をあらためるのは、王朝の死にも匹敵する重大事であり、この時点での実現は困難であった。

かくして政治改革に着手せず、経済・軍事・技術などの近代化を優先させた洋務運動期のありようは、「中体西用《ちゅうたいせいよう》」とよばれる。つまり根幹的かつ内在的な精神や原理を意味する「体」と、外側にあらわれる行動や形態を意味する「用」とにものごとをわけ、「体」は中国のまま、「用」に西欧流をとりこむということである。

さまざまな制約と限界をかかえながら、洋務運動は三〇年以上つづいた。上海・南京・天津に軍需工場がつくられ、最新鋭の遠洋戦艦・沿岸防御兵器・海軍用軍需品を生産したのは事実である。これらは、国内の敵には威圧的な効果を発揮した。しかし軍事技術の導入と軍需工業のたちあげには、それをしたざさえする鉄鋼その他金属加工業と機械生産業の発展、なによりも、精密な技能をもつ技術者や労働者の存在が欠かせなかった。かれらの育成に外国人技師を招聘《しょうへい》し、あたらしい製品をつくるにも、まず外国製品を購入して模倣・研究しなければならなかったから、初期投資からして莫大な費用がかかった。最終製品は国産でも、それをくみたてる部品や原材料の相当部分が外国製であることはいうまでもない。

くわえて、外国との通商や交渉に慣れている人材が不足していた。かずすくないエキスパートである「買弁」も、官僚の手足とみなされていたため、有効なアイディアを独断では実行できなかった。結果的に生産・経営の効率はわるく、将来の設備投資にまわせる資金など、とうていたくわえられなかった。国家資本をあてにせずに、長く継続できたことがむしろ驚異である。

李鴻章

日本との緊張

一八七四年における日本の台湾出兵を機に、李鴻章は海の脅威にそなえるべく、翌年からいわゆる北洋艦《ほくようかん》隊《たい》（かれが北洋通商大臣の職にあったためそうよばれる）建設に着手した。しかし国産ですべての戦艦をつくれるほどの技術は中国になく、それまでおおくつくられた木製砲艦は、実戦ではほとんど役にたたなかった。また武器弾薬の製造能力も、実戦をささえられるものではなかった。けっきょくドイツから戦艦を購入し、武器弾薬もふくめて輸入量をふやさざるをえず、「純国産」へのみちはかえってとおのいた。

一八八六年八月、李鴻章が輸入した戦艦のうち「定遠《ていえん》」など四艦が、朝鮮の仁川《インチョン》（一八八四年の甲申事変《こうしんじへん》を清朝軍によって解決した朝鮮には、翌年、李鴻章幕下の袁世凱《えんせいがい》〈一八五九～一九一六〉が朝鮮交渉通商事務総弁《ちょうせんこうしょうつうしょうじむそうべん》に着任、内政を監視していた）にむかう途中、長崎港に入港した。このとき、日本の海軍士官が艦内にまねかれて、水兵がゆかで寝ているすがたなどを目撃し、彼らの戦闘能力が低いことを看破した逸話がのこる。案の定、上陸した水兵が、飲酒暴行により逮捕される事件（長崎事件）がおきた。これをきっかけに、艦隊の水兵約三〇〇名と日本人巡査との乱闘事件までおきて裁判沙汰になったものの、外交問題に発展するのをおそれた井上馨《いのうえかおる》（一八三五～一九一五）外務大臣が、清朝公使との連名で、事件を糾明《きゅうめい》する委員会の解散を命じて、なんとかあらそいをおさめた。しかし海軍、および朝鮮をめぐる、日本と清朝との緊張関係は継続し、一八九四年に日清戦争《にっしんせんそう》の勃発をまねくことになる。

4 日清戦争

日本の擡頭

植民地をもとめる日本が、明治時代にねらいをつけていた国や地域は三ヵ所あった。琉球《りゅうきゅう》・台湾《たいわん》・朝鮮《ちょうせん》である。

琉球は、もともと明朝の朝貢国であった。しかし、一六〇九年に薩摩《さつま》の島津《しまづ》氏《し》の攻撃に屈服して以来、これに服属せざるをえなかった。いっぽうで島津氏は、琉球の名義を利用すれば貿易の利益がえられるため、明朝や清朝への朝貢を琉球につづけさせた。江戸時代になると、ほんらいは長崎をつうじてしかとりひきできないたてまえをかいくぐって、清朝からの舶来品や朝貢の返礼品が、琉球から薩摩藩に流入し、藩の財政をささえていた。琉球は事実上、薩摩の属国であったにもかかわらず、貿易のつごうから、中国の朝貢国として独立国のようなふるまいをする、「両属《りょうぞく》」というかたちをとっていた。

明治維新の立役者であった薩摩が、琉球を日本の領土にくみこもうとしたのは、清朝とのとりひきに関して薩摩を制約していた、幕府のたてまえがなくなったからである。つまり幕府をはばかって、独立した朝貢国として琉球を清朝に出入りさせるメリットが、まったくなくなったためである。琉球は清朝への朝貢を禁じられ、王も退位させられ、段階をへて「沖縄県」になっていく。ちなみに先述の台湾出兵は、この「琉球処分」のさなかのできごとであり、日本のねらいは、台湾本島で現地民にころされた、宮古《みやこ》島《じま》からの漂着民を、日本の「臣民」として清朝にみとめさせることにあった。

台湾は前章でのべたように、鄭成功の子孫が反清復明の拠点とした地域であり、また先住民や福建・広東両省からの移民もおおく、清朝からみると儒教倫理のおよばない地域、すなわち「化外《けがい》の地《ち》」であった。行政区分上は福建省に属していたが、ほとんど放置にちかい状態で近代にいたる。この領土意識のうすさをも日本側につかれたのが、台湾出兵であった。

朝鮮をめぐる対立

朝鮮については、琉球・台湾よりもややおそく、一八七五年の江華島事件《こうかとうじけん》以降、日本が侵略を本格始動した。朝鮮は、清朝が入関するまえに最初に朝貢してきたということで、最高位に格づけされ、かなりの頻度で清朝と往来していた（清朝の使節もひんぱんに朝鮮に来ている）。この点が、同じ朝貢国でも琉球とはちがうし、ましてや、清朝から放置同然のあつかいをうけていた台湾とは、くらべものにならない。

つまり朝鮮は、変事があればすぐに清朝の救援を依頼できる立場にあった。そもそも地理的に「満洲」と地つづきで、朝鮮の危機は清朝の危機に直結するから、清朝が朝鮮をみすてることはありえなかった。うらがえせば、軍事力がなく朝貢国として格下の琉球や、清朝への帰属意識がうすく清朝による統治も手薄な台湾とはちがって、日本からみればうかつに手出しのできない国だったのである。

いっぽうで琉球は小さな島々であり、台湾も島である。日本が必要とする原材料の提供地として、あるいは日本製品の販売地として発展させるには、土地面積上も人口面でも限界があった。よりおおきな植民地になりうるのが朝鮮であり、朝鮮をえれば巨大な中国大陸にも進出できる。

開国させた翌年の日朝修好条規から日清戦争まで約二〇年かかっているのは、やはり清朝（とくに一八八一年に、朝鮮問題の重要案件を北洋通商大臣が管轄するようにあらためた李鴻章）の圧力がおおきかったためである。また朝鮮内部における、日本への依存と清朝への臣従をめぐる政治的なふれ幅がおおきすぎ、一気に前者にもっていけなかったためでもある。

たとえば前節でふれた甲申事変は、日本の軍事力にたよって清朝臣従派（閔妃《びんひ》派）をたおそうとした、青年両班《ヤンバン》（官僚層）によるクーデタであったが、けっきょく清朝軍の介入をまねいたため、日本は強行突破をあきらめ、翌年の天津条約《てんしんじょうやく》で撤兵に同意している（ただし将来、両国どちらかが朝鮮に出兵する場合は、もう一方の国に事前通達しなければならないともさだめた）。

おりしも清朝（李鴻章）は、やはり朝貢国であるヴェトナムをめぐってフランスとたたかっていたが（これには負けて、ヴェトナムはフランスの保護領〈インドシナ〉として確定される）、それでも朝鮮を救援し、袁世凱を置いてにらみをきかせ、北洋艦隊をわざわざ長崎に寄港させるような、示威行動ができるだけの力をもっていたのである。

日本と清朝とは、一八七三年に修好条規を締結・批准していた。日本は当初、不平等条約を清朝とむすぼうとしたが、その不利をさんざん経験している李鴻章や曾国藩は日本の意図を見ぬき、初の平等条約たる「条規」にもっていった。台湾出兵事件時には、領土意識のうすさを露呈して、つけいるすきを日本にあたえてしまったが、その後なんとか不平等条約に変換していこうとする日本の要求を、李鴻章らがはねつけたのも事実である。

この日清間の緊張が頂点にたっするのは、一八九四年に朝鮮で勃発した「東学《とうがく》」の蜂起であった。この蜂起には、朝鮮の西洋化（近代化）や日本の圧力、王朝がかける重税などに反対するひとびともくわわり、全羅道《ぜんらどう》を席捲し道都の全州《ぜんしゅう》を占領するにいたった（五月末）。朝鮮王朝は清朝軍の派遣を袁世凱に要請し、清朝は天津条約にもとづき日本に事前通告したうえで、六月には援軍を上陸させた。日本もまた、清朝に通告して朝鮮に出兵した。

しかし六月中旬に、朝鮮王朝と蜂起軍とは、租税軽減や統治再建などを条件に、和睦《わぼく》を成立させたため、日清両軍は朝鮮に駐屯する口実をうしなった。通常ならばここで両軍は同時に撤退するところだが、日本は朝鮮に実行不能な内政改革案をつきつけ、期限までにそれができなかったとして王宮を占領し、親日派による内閣を発足させた（七月）。内閣は中朝商民水陸貿易章程《ちゅうちょうしょうみんすいりくぼうえきしょうてい》を廃棄し、清朝との宗属関係を否定したため、清朝軍は日本軍との交戦においこまれた。

日清戦争は「日李戦争」だった？

清朝軍、といっても主力は李鴻章の軍隊である。先述した北洋艦隊は、一八八八年に海軍（清朝正規軍）に格あげされたが、内実は艦隊時代とかわらなかった。海軍費を清朝に請求できる権利をえただけである。それもけっきょく西太后の還暦祝いとして頤和園《いわえん》造営・修復費用に流用されてしまい、海軍の充実や拡大はおろか、メンテナンスの役にもたたなかった。一八八六年にはその威容で日本人をおどろかせた北洋艦隊も、一八九四年にはむしろ老朽化がめだっていたのである。

ひるがえって日本は、前年二月に衆議院で多額の軍艦建造費がいったんは否決されたものの、伊藤博文《いとうひろぶみ》（一八四一〜一九〇九）内閣が明治天皇《めいじてんのう》に上奏して「和衷協同《わちゅうきょうどう》の詔《みことのり》」をひきだした。この詔では、内廷費や官僚俸給費用などの節減によって軍艦建造費を捻出することとしている。伊藤内閣は、七ヵ年継続で総額一八〇八万円（当時の歳出のおよそ二一パーセント）の支出も議会に認めさせている。李鴻章の海の私兵というべき北洋艦隊を名目だけ「正規軍」にした清朝とはちがい、日本では内閣と議会とが真剣に審議し、国をあげてとりくむべき重要課題として海軍をとらえていた。この差が勝敗をわけたといっても過言ではあるまい。開戦前から両国軍の明暗はわかれていたのである。

李鴻章の事実上の私兵であったのは、海軍（艦隊）だけではない。このときの清朝陸軍もまた、太平天国や捻軍を鎮圧した淮勇を多少近代化して再編した「防軍」が主体であった。郷土防衛軍から出発し、転戦と拡大の過程で募兵中心の常備軍と化して、そののちは防衛をおもな任務としてきた軍隊である。かつて長崎事件をおこした北洋艦隊の水兵と同様、陸軍兵士の質もそうは向上していなかっただろう。

正規軍同士の戦争、天津条約にもとづく手続きもへている、近代戦争とされる日清戦争だが、内実は「日李戦争」だったかもしれない。李鴻章が清朝の軍事・外交の全責任を負う状態は、特に曾国藩が死去した一八七二年以降から顕著になり、またこれを、朝鮮のめつけ役であった袁世凱がささえるかたちが、一八八四年以降にはめだってくる。北洋艦隊の基地・旅順《りよじゆん》をおとされた時点（一八九四年一一月）で、李鴻章は北洋通商大臣をいったん罷免《ひめん》されたものの、かれに代わる外交の人材はおらず、そのまま下関《しものせき》での講和交渉に全権をになっておもむいている。条約締結後も一九〇一年に没するまで、ロシア・イギリス・

ドイツなどとのむずかしい交渉のきり札として、かならずでてくる存在でありつづけた。

「軍閥」の時代へ

そして李鴻章の政治・軍事上の財産をうけつぎ、「軍閥」(次節冒頭参照)の基礎をつくりあげた袁世凱の擡頭が、日清戦争直後から顕著になってくる。まず壊滅状態となった清朝軍、とくに陸軍の再建をまかされた(一八九五年一二月)。ドイツ式の装備と訓練をほどこし、近代軍を創設するという重要な任務である。その名も「新建陸軍《しんけんりくぐん》」(新軍)という。いっぽう、「練軍」「防軍」も再編されたうえで温存された。新軍はかなりの非常事態および対外戦争のための軍隊と位置づけられたが、「練軍」「防軍」系の軍隊(「新軍」にたいして一括して「旧軍」とよばれる)は、警察機構が明確ではない社会において、通常の治安維持や匪《ひ》賊《ぞく》の掃討などに必要であり、また社会底辺層の雇用対策、および生活・身分保障としても重要だったためだろう(後述する張作霖は、旧軍から擡頭してくる最大の「軍閥」である)。

次節では、「軍閥」のメインストリームをつくっていく袁世凱が、どのように清末の動乱をのりきったのか、かれのさらなる飛躍の機会となった戊戌《ぼじゅつ》の変法《へんぽう》と政変(一八九八年)、および義和団事件(一九〇〇~一九〇一年)を中心に考察してみたい。

5　袁世凱の擡頭

出自

「中国で、清末から中華民国にかけて各地方に割拠した私的軍事集団」という『広辞苑』の定義にしたがえば、地域ボスの小さな暴力集団から、国の頂点をあらそう実力のある大集団まで、「軍閥」なるものにはそのすべてがふくまれるとかんがえるべきだろう。しかし日本史とも共有される定義「軍隊の上層部を中心とする特権的な政治勢力」をもみたす集団となると、大集団のなかでもいくつかにかぎられる。よって、まずはどちらの定義をもみたせる存在、すなわち「軍閥」の保守本流ともいうべき存在、袁世凱がその骨子をつくった「北洋軍閥」について検討し、読者に基準となる「軍閥」像をイメージしてもらいたい。つぎにその他の多種多様な「軍閥」像、あるいは「軍閥」周辺の軍事勢力についてのべて、スタンダードな「軍閥」像と比較していくこととする。

さて袁世凱が李鴻章の右腕であり、朝鮮のめつけ役として派遣され、やがて後継者としてさだまり、李鴻章の政治的・軍事的財産を獲得したこと、「北洋」という名は、清朝における李鴻章の官職名に由来することはすでにのべた。太平天国や捻軍の乱を鎮圧した功労者であり、洋務運動（同治中興）の推進者であり、なにより中国（清朝）における経済・軍隊・外交近代化の中心でもあった李鴻章の系統につらなっていること（およびそのアピール）が、袁世凱以降、政治的実力者の看板であった。同時にそれを打倒しようとする勢力にとって、「敵」を意味する標識にもなったのである。袁世凱じしんが李鴻章を看板として擡頭したため、袁の後継者たちもそれを踏襲せざるをえず、また敵対者も、袁の属性を「北洋」とさだめて、清朝の残滓《ざんし》もろとも打倒しようとした、というほうがわかりやすいかもしれない。

では袁世凱と李鴻章の接点は、どこからしょうじるのだろうか。それは、袁が淮軍の統領・呉長慶《ごちょうけい》（一八三四〜一八八四）の部隊に投じたことからはじまる。呉は李鴻章とおなじ安徽省にうまれ、父のあとをついで、郷勇をひきいて太平天国や捻軍の乱鎮圧に活躍した。淮軍たたきあげの勇将であり、李鴻章の腹心でもあった。その部隊は彼の名をとって「慶字営《けいじえい》」とよばれ、江蘇・河南・山東・直隷（現在の河北）各省に転戦した。転戦地にふくまれる、河南省でうまれそだった袁世凱は、ちょうど呉の晩年にあたる一八八一年に加入し、翌年呉にしたがって朝鮮の壬午軍乱《じんごぐんらん》（朝鮮軍の一部将兵が日本公使館をおそった事件）を鎮圧しにいったのが、朝鮮とのかかわりのはじまりであった。

一八八四年、呉は遼東半島の金州《きんしゅう》に異動し、すぐに病死した。同年に袁世凱が朝鮮のめつけ役となったことは、腹心である呉長慶のもとでの実績が高く評価された結果だろう。また呉が病死して淮軍の主力たる「慶字営」の核がうしなわれ、それをになうのに袁が適任であるとみとめられたためでもある。

袁世凱はのちに李鴻章の代名詞である「北洋」の名をせおうことになるが、李と同郷でもなく、もとは「部下の部下」だったのである。もし内乱が河南省をおそわなかったら、二人の接点はなかったかもしれない。

また、袁世凱の生家は科挙合格者を輩出した名門であり、かれも幼少から進士《しんし》合格をめざして勉強させられた。どうにか挙人《きょじん》（第二段階）までは合格したが、それ以上にはうからなかった。こうした場合、有力な官僚のもとでしたばたらきをして、幕僚か武官をめざすのが出世の早道である。袁世凱は進士登第の名誉をあきらめ、知識人がみくだす軍務の実績によって、官界でみとめられる可能性にかけたのである。この決断がなかったら、李鴻章とのであいはやはりなかっただろう。

歴史的偶然と、それを好機としてのがさなかった袁自身の努力とが、李鴻章の後継者としてのかれをおしあげた。袁がその看板を誇示するのも、こうした経歴があるからだろう。「北洋軍閥」の原型たる淮軍は李鴻章がつくりあげたが、それを再編・強化して軍事力を背景とした政治権力、すなわち「軍閥」へと擡頭し、清朝滅亡後の政治空白状態をうめた（それゆえに汚名もきせられた）のは、袁世凱なのである。

康有為と「変法」

袁の軍事力がさいしょにものをいったのは、一八九八年であった。それまで中国人が後進国だとおもっていた日本に、一八九五年に負けた屈辱は、このころ二つの政治主張をうんだ。ひとつは「変法」、つまり清朝統治の根幹である皇帝独裁制をやめ、日本にならって立憲君主制へと移行し、議会によってひろく民間の声を政治に反映させるべきだという主張で、康有為《こうゆうい》（一八五八〜一九二七）が代表的論者である。もうひとつは、清朝という王朝そのものをたおし、完全な民主共和制国家をつくるべきだという、孫文《そんぶん》（一八六六〜一九二五）の革命論であった。

康有為

一八九四年、孫文は興中会《こうちゅうかい》をハワイで設立し、革命運動の開始を宣言した。しかしそれよりも、清朝に衝撃をあたえたのは、科挙最終試験（会試《かいし》）のために北京にあつまった挙人一二〇〇名あまりが、日本との講和拒否と政治改革とを主張する上書を提出した公車上《こうしゃじょう》書《しょ》事件（一八九五年五月）であった。これを主導したのが、やはり挙人として会試をうけにきていた康有為である。

この行動がなぜ衝撃的であったか。それは、かれらの社会的身分をかんがえてみればよくわかる。挙人とは、会試に合格して進士となれば、官僚への道がひらかれているエリートであり、一族のみならず出身地の役人たちも、その恩恵にあずかろうと期待している存在である。そもそも科挙じたいが清朝統治をささえる根幹（皇帝の手足となってはたらく人材を、出身地や家柄とは無関係に見いだす制度）であるから、清朝の政策決定に意見するなど不遜《ふそん》のきわみ、いや狂気の沙汰である。逮捕され死罪になってもふしぎではない。

康有為は一八八八年に、単独での上書をすでにこころみていた（ただし上奏権がないため高官たちに草稿を送りつけて代奏を依頼した）が、あまりに過激な内容だった（皇帝に反省をせまり、高官たちを痛烈に批判した）ため、北京から追放された「要注意人物」であった。にもかかわらず会試をうけにきて、そのうえおおくの同志を糾合《きゅうごう》したのである。知識人の政治運動、とりわけ統治にたいする批判を封じてきた清朝の体面は、まるつぶれのはずであった。

ところが康はそのまま会試をうけ、序列はかんばしくなかったが合格もして、はれて進士となった。さらには学問研究を標榜《ひょうぼう》しつつも、事実上の政治結社である「強学会《きょうがくかい》」を北京で結成した。この一連の急展開は、もはや「要注意人物」としてしりぞけようがないほど、康が〝時の人〟となったことを意味する。

強学会には現役官僚も加入し、あるいは周辺で援助していた。そういう賛同者のひとりが袁世凱だったのである。袁は新建陸軍、つまり軍事の近代化をになう有力な官僚であった。よって、軍事の近代化には政治の近代化が不可欠だと痛感し、自分たちに協力するはず、と康有為は期待した。一八九八年六月、ついに光緒帝《こうしょてい》（在位一八七四〜一九〇八）をうごかして康らが「変法」をはじめたときにも、袁は静観して妨害しなかった。

だが光緒帝以外の有力な庇護者をもたず、清朝中枢部における政治経験がなかった康有為に、立憲君主制への転換という大事業は荷がおもすぎた。もじどおりの朝令暮改をくりかえしたため、官僚たちはまともにとりあわず、西太后に指示をあおぐしまつであった。新米の官僚で、最近まで「要注意人物」であった康有為のいうことなど、官界ではそもそも信用されなかったのである。

西太后

変法を軌道にのせるには、西太后の復権を阻止し、光緒帝の親政を堅固にしなければならない。康の同志・譚嗣同《たんしどう》（一八六五〜一八九八）は、九月一八日の夜、ひそかに袁世凱をたずねて協力を要請した。袁ひきいる新軍七〇〇〇の兵力によって、西太后の腹心・栄禄《えいろく》（一八三六〜一九〇三）を謀殺しようともちかけたのである（栄禄は当時、軍事の最高責任者である兵部尚書《へいぶしょうしょ》）。しかし袁にとって栄禄は、新軍の支援者であり、またその設立に必要な官職に自分を推薦してくれた、恩義のある人物だった。よって彼を暗殺するという謀略に、袁は賛同できなかった。譚がかえったあと、ただちに栄禄に密告したのは当然であった。

栄禄からの報告をうけた西太后は、二一日に「訓政《くんせい》」を開始した。光緒帝の「親政」をとりやめたうえでかれを幽閉し、康らの身柄拘束にもうごいたのである（戊戌《ぼじゅつ》の政変）。譚をふくむ数人の変法派は逮捕・処刑されたものの、康有為と弟子の梁啓超《りょうけいちょう》（一八七三〜一九二九）は日本に亡命した。変法はわずか三ヵ月ほどで破綻したため、「百日維新」ともよばれる。

変法派にしても西太后にしても、軍事力なしにはけっきょく政治をうごかせなかった。そのさいに両者がたよりにしたのは袁世凱であった。変法派にしてみれば、洋務運動の延長線上に政治変革があるのは自明の理であり、軍事の近代化にとりくむ袁世凱もそのことに気づいているはずだという期待があった。いっぽう西太后からみれば、洋務運動を推進できた政治基盤は清朝の現体制であり、これをささえる自分がたおれたら大混乱におちいり、諸外国の侵略をよびこみ清朝自体の存続がむずかしくなる。その危機を回避するために、袁世凱の軍事力をつかったクーデタを発動して、清朝を再建しなければならないという判断をしたのである。

現在の価値観でいえば、袁の行動は「保身」「うらぎり」と非難される。しかし、かれの政治的・軍事的財産である（それは李鴻章から継承した洋務運動の財産でもある）新軍の存続を第一にかんがえたならば、政治基盤がよわく実行力もない康有為にくみするよりも、支援者であり官職への推薦者でもある栄禄、そして光緒帝成人までの実務をとりしきってきた西太后をまもるのが現実的選択である。そうでなければ、変法派の一味として袁も身柄を拘束され、処刑されただろう。

義和団事件

変法派との対峙《たいじ》にそなえて、栄禄は天津と北京に一部の部隊をうつして兵力を増強していたが、政変後には袁世凱の新軍などとも合併再編して武衛軍を創設した（一八九九年）。いっぽう危機を好機にかえた袁世凱は、西太后のあつい信頼を獲得した。一九〇〇年には山東巡撫に昇進し、自軍約二万をともなって着任した。

当時の山東省では、キリスト教会や外国人をはげしく排撃する、「義和団」という結社が勢力を拡大していた。袁世凱はこれを弾圧しようとした。しかし義和団の逆襲にあって統制をうしなった兵が、一般民をみだりにころすという不祥事をおこし、直接の責任者であった弟の世敦《せいとん》を処罰されてしまった。また義和団は、「扶《ふ》清滅洋《しんめつよう》」（清朝を扶《たす》けて洋人を滅ぼす）というスローガンをかかげたため、山東省外にひろがっても、西太后は鎮圧戦にふみきれずに放置し、袁世凱もその方針にしたがわざるをえなかった。

清朝が放置した結果、一九〇〇年六月二〇日に義和団は北京に流入し、公使館区域を包囲してしまった。翌日にはそれに乗じて、清朝が諸列強に宣戦布告する事態となる。このとき袁世凱は、ほかの地方大官たちと協力して、南方諸省への義和団勢力拡大阻止、およびそこに居住する外国人の保護についての章程を、各国領事とひそかにむすんだ。

つまり義和団事件では、身内に処分をくだされるようなきびしい状況におかれ、また清朝（西太后）の決定（諸列強への戦争発動）に反する動きをしているのである。公使館を北京におく諸外国との関係なしに、もはや中国は世界の中で生き残れない。そのことをみこして、経済のかなめである長江以南を温存するという、きわめて現実的な判断をくだしたのだ。袁世凱は、西太后のたんなるイエスマンではなかったのである。

八月一四日に、日本をふくむ八ヵ国連合軍が北京にはいった。その翌日、西太后は人生二度目のみやこおち（いき先は西安《せいあん》）を経験することになる。翌年一月には西安で、ついに「変法の詔」を出し、康有為が三年前にめざした政治変革の必要性を、清朝みずからがみとめた（ただし康らは清朝そのものへの反逆者であるとして、以後もゆるされなかった）。九月に列強との講和（北京議定書）を成立させ、戦争に転じていた義和団事件は終結する。

最高実力者へ

一九〇一年、一一月に李鴻章が死去すると、その官職である、直隷総督兼北洋通商大臣を袁世凱が代行し、翌年には正式に着任する（このときも山東巡撫時代の二万とあらたにくわえた五万、計七万の将兵をひきいて就任した）。一九〇三年には、練兵処会弁大臣《れんぺいしょかいべんだいじん》にも任ぜられた。

義和団を鎮圧する過程で武衛軍が大打撃を受けたため、事件が落着してからまた陸軍を再建する必要性がでてきた。一九〇四年には、全国に常備軍三六鎮（師団）がおかれ、計四五万人が省の事情におうじて配置されることになった。旧武衛軍のなかでは、袁世凱の指揮下にあった右軍のみが瓦解《がかい》をまぬかれたため、これを基幹として、華北・東北の要地にあらたに六鎮が編制された（一九〇五年）。この時点で清朝は、ようやく近代陸軍を編制できたといってよいだろう。

なお各地の総督・巡撫も、既存部隊をあらたに改組してそれ

北洋陸軍の訓練

1906年秋の合同演習における北洋新軍の軍官（いちばん左の人物）

らを「新軍」と総称したため、袁世凱直轄の上記六鎮を、とくに「北洋軍」「北洋六鎮」とよんで区別する。一九一一年の辛亥《しんがい》革命《かくめい》勃発まで、清朝は八旗緑営をふくむ各種の軍隊を、推計九〇万〜一〇〇万人の兵数で維持していた。そのうち新軍の総数はおよそ一七万五〇〇〇人であったとかんがえられているが、北洋六鎮以外に鎮の定数一万二〇〇〇をみたしているところはすくなく、慢性的に兵員が不足していた。兵士の待遇がわるく、兵士が蔑視される社会風潮に変化がなかった以上、軍隊を再編・強化し近代陸軍の編制を導入してみても、そこはどうにもならなかったのである。

ともあれ戊戌の変法や義和団事件の試練をのりこえ、まがりなりにも最新鋭の軍隊を直轄する袁世凱は、おしもおされもせぬ高官であった。一九〇五年には科挙廃止を奏請してみとめられ、立憲準備を推進する、改革派と目されるようになった。この年はちょうど孫文らによって中国同盟会が結成された年でもあり、政治改革に本気でとりくむ姿勢を清朝

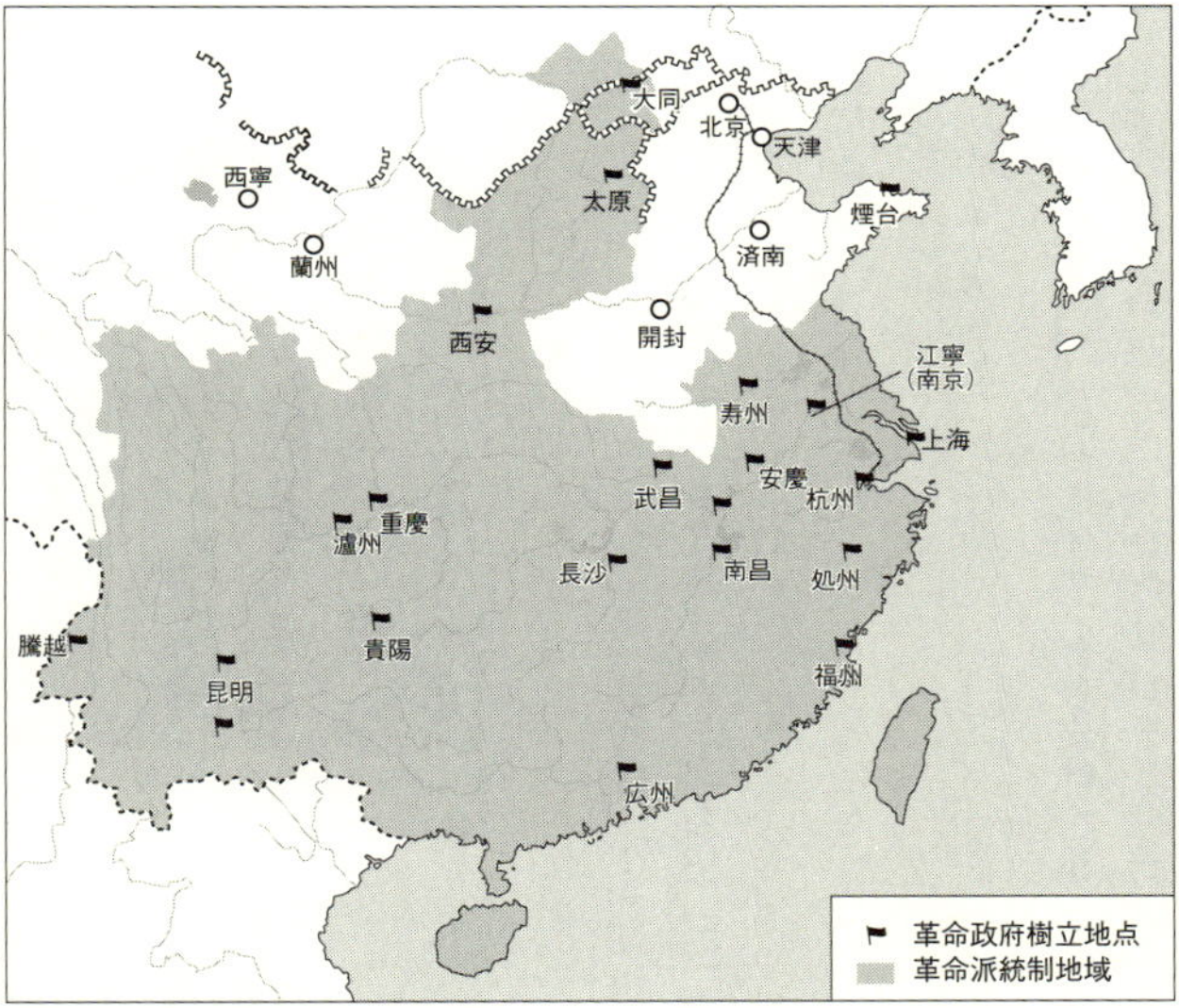

辛亥革命の展開

が見せなければ、いつ革命でたおされてもおかしくはない、危機的な状態にあった。

国会の開設と憲法制定を約束したうえでの、清朝による一連の改革を、清末（光緒）新政とよぶ。清朝全体が近代国家への脱皮を本気でめざす以上、官僚個人の裁量権を縮小し、中央集権化をはからねばならない。一九〇六年秋に、北洋軍の一部と南方の新軍との合同軍事演習（彰徳秋操）を成功させて勢威を誇示した袁世凱も、その直後にあらたに設置された陸軍部（練兵処と旧来の兵部とを合体）のトップには、同僚の満洲族・鉄良《てつりょう》を推挙し、また北洋六鎮

第二革命のころの袁世凱
（1913年7月）

のうち二鎮をのこして、すべて鉄良の直轄とするようみずから要請している。一九〇七年には外務部尚書兼軍機大臣となって、内政・外交全般にわたる、おおきな権限を手中にしたかにみえるが、清朝の一官僚である以上、保身の努力をおこたるわけにはいかなかったのである。

　一九〇八年八月、清朝は、九年以内に立憲制に移行することを明言したが、一一月一四日に光緒帝が崩御し、翌日には西太后も世を去った。三代つづけての幼君となる宣統帝《せんとうてい》が即位し、実父の醇親王載灃《じゅんしんのうさいほう》（光緒帝の弟。一八八三～一九五一）が摂政王となる。みずから権力縮小につとめてきた袁世凱だが、けっきょく載灃の警戒を解くことはできず、一九〇九年一月に罷免《ひめん》され、一九一一年一一月まで中央政界に復帰できなかった。

辛亥革命

　皮肉なことに、かれの中央政界復帰を可能にしたのは辛亥革命であった。湖北省武昌《ぶしょう》に駐屯する新軍のねがえりからはじまり、北方と東北をのぞくほとんどの省から独立宣言をだされてみかぎられてしまった清朝は、袁世凱を総理大臣に任命して、王朝存続と危機回避を命じたのである。

一九一二年一月一日には孫文が臨時大総統として中華民国建国を南京で宣言したため、清朝存続がむずかしくなったと袁世凱は判断した。そのため革命派と交渉して、宣統帝退位を約束するのとひきかえに、臨時大総統の地位を自分にゆずらせた。なおかつ北京からうごかずに、清末以来の軍事的・政治的強権を温存した。また革命派が同盟会を改組して国民党を結成し（一九一二年八月）、初の国政選挙で大勝すると、翌年三月には党首の宋教仁《そうきょうじん》（一八八二〜一九一三）を暗殺し、国民党議員を事実上しめだした国会をひらいた。一〇月には正式の大総統となり、一一月には国民党の解散を命ずる。

袁世凱が悪漢あつかいされるのも、民主共和制を根底から否定するかのような上記の行動に一因がある。しかし、これと歩調をあわせるように、「軍閥」がかたちをなしていく時代でもあるので、このあたりをひとくぎりとして、次章では袁と「軍閥」形成との関連について論じることとする。

第四章　民国時代の試行錯誤

1 「軍閥」としての袁世凱

日本由来の用語

「軍閥」という熟語は、「閥」に「集団」という意味があってはじめてなりたつが、漢和辞典をひいてみると、その意味は第一義ではない。第一義は「功績」であり、その由来は、「官僚が功績を書いて、自宅の門の左側にたてた柱」である。功績を書いて自宅の門前に建てる柱から転じて、そのような柱をもつ家は一目おかれるため、「家柄」という意味が派生する。ゆえに前近代の中国で「軍閥」という熟語をつかう場合（用例はほとんどないが）、「軍隊をひきいて功績があったもの（またはその家柄・一族）」の意味以外にはならないはずである。

ところが時代をくだるにつれて「閥」という字は、「権勢をたのんで特殊な地位を占める人または集団」という意味にかわり、日本ではたんに、「出身や利害を共有する集団」をさすまでになった。わるいイメージのなかったことばが、後世になると相手をおとしめる意味に変化する例は、漢語およびそれを輸入した和語の体系内ではめずらしくない（たとえば「貴様《きさま》」や「御前《おまえ》」も、もとは貴人をさすことばだった）。よって「閥」という字と、あまり用例がない「軍閥」なる熟語について、同様の現象がおきてもおかしくはない。

政治批判のスローガンとして「軍閥」が日本で大々的に登場するのは、大正時代初期のことだった。同時期に中国でおきた辛亥革命（一九一一年）の影響もあり、成年男子全般への参政権拡大や憲政擁護といった政治的要求がさかんになったころである。そしてこうした要求をこばむ存在が「軍閥」、わけても陸軍における旧長州藩出身者・山県有朋《やまがたありとも》（一八三八〜一九二二）を頂点とする軍事元老集団である、と意識された。山県の没後は「軍閥」とみなされる対象が拡大し、軍当局者のなかで政治に干渉する専横的な派閥勢力、また迷走する政局に介入する軍人たちをも包括するようになった。

いずれにしても、軍事と政治は分立していて、前者が後者に介入しないのが（近代）国家ののぞましいありかただ、という意識が前提になっている。つまり「軍閥」ということばには、国家のあるべきすがたからはずれているという状態への批判、軍事と政治のアンバランスに対する懸念が表明されているといってよい。

無力な革命派

軍事と政治のアンバランスという問題は、民主共和制国家にうまれかわったはずの中国で、じつはより深刻な矛盾だった。そもそも清朝新軍のねがえりと、各省の独立による

孫文

「革命」であったし、革命派の統一軍が存在しなかった以上、民国成立後の治安維持と軍事とを革命派じしんがになうことはできなかった。よって旧来の軍事勢力にこれらをまかせるしかなかった。

孫文から袁世凱への臨時大総統職譲渡（一九一二年三月）について、その後の革命派は、袁世凱による「盗国」であると非難したが、そのじつ、南京臨時政府およびその最高責任者であった孫文に、政権維持能力がなかったにすぎない。かれら革命派は、清朝にとどめをさす（宣統帝を退位させる）のがせいいっぱいであり、その代償として政権譲渡をもとめられても、これにあらがうだけの力をもたなかったのである。

ようするに、民国は発足当初から政治が空洞化していて、「共和」とは名ばかりの国家だった。維新をなしとげた側にじゅうぶんな軍事力があり、たおした幕府側から政権を回収して政治的統一を達成し、明治以降は内部での専権のみが問題視されていた日本とは、この点で事情がことなる。

軍事と政治のアンバランスといっても、大正期の日本の場合には、両者の対抗関係が形成されるだけの政治の「核」（内閣・国会・政党など）が機能し、相互に牽制《けんせい》しうると期待されていたのにたいし、民国期の中国には、軍事から独立した政治の「核」がそもそも存在せず、軍事と政治との対抗関係が形成されないという、日本よりも深刻な問題があった。軍事優位というよりは、空洞化している政治を軍事がのみこむかたちでしか国家運営ができなかった、というほうが正確だろう。この構造的な変化が、以後の歴史におおきな影響をあたえたと筆者はかんがえる。

帝政復活の必要性

臨時約法（暫定憲法）を遵守《じゅんしゅ》せずに議会や内閣を私物化し、やがて帝政を復活させようとした（一九一五年末）袁世凱の時代錯誤にみえるふるまいも、たんなる反動としてかたづけられるものではない。なぜならば、民国初期における政治の空転、および日本をはじめとする諸外国からの圧迫、第一次世界大戦を契機とする、近代国家としての中国の国際参加といった問題が山積していたからである。革命後の分断と混乱とが深刻であり、統一国家の体をなさず、「民主共和制」が名ばかりになっていた民国にとって、民意の結実としての大総統職は空虚であった。袁世凱にしてみれば、大総統職も民国も、実力のない孫文たちがいきおいにまかせてつくりあげた砂上の楼閣であり（もっとも清朝はそれを鎮圧できなかったが）、けっきょく維持できずに自分になげてきたものにすぎなかった。よって、ほんらいは事態収拾者であったかれが新国家建設をもになわざるをえなくなった。政治の空洞化を克服して国家の求心力を強化し、議会や政党を排除ないしは屈服させてまでも、政策決定を一本化しようとしたのである。彼が、かりものの大総統職にあるよりは、独裁者の唯一無二のかたちである皇帝であったほうが、政治の「核」を内外にしめせたはずであった。

袁世凱の専横と帝政運動とを非難して、第二・第三革命（一九一三年七〜九月、一五年末〜一六年六月）をおこした革命派は、最終的には袁世凱に帝政実現を断念させ、またその死によって政権奪還のチャンスをえたにもかかわらず、それができなかった。なぜならば第一に、統一「革命軍」とよべるものがなかったから（軍事的な「核」がなかったから）である。さらには、政党として政治的な「核」がしめせなかったこともまたおおきいのである（かれらは「国民党」を名のって最初の国会選挙をたたかったが、党首・宋教仁を暗殺され〈一九一三年三月〉、国会から事実上追放された〈一九一三年一一月〉）。軍事の「核」を保持し、政治においても唯一の「核」であろうとして失敗した袁世凱にたいして、孫文たちはどちらをも形成できずに絶好の機会をのがしたのであった。

袁世凱を非難し打倒運動をおこなう（第二・第三「革命」というのは革命派の認識からくる歴史的名称にすぎない）ことでしか自分たちの正統性を主張できなかったかれらの無力、民国を創建しながら、政権ないし政党としてその後の政治責任をはたせず、政治の空洞化と軍事優位の状況を固定してしまったことは特筆しておかねばなるまい。かれらが「軍閥混戦」とよぶ袁世凱没後の状況も、じつはかれらに相応の責任があったのだ。

2　袁世凱の没後（一九一六年以降）

「軍閥」か「政府」か

一般的に、中華民国初期における袁世凱政権の登場（一九一二年）から、国民革命軍（後述）による北伐完了（一九二八年）までの北京における民国政府は、袁世凱の清朝での肩書「北洋大臣」、およびそこに由来する「北洋軍」からとって「北洋政府」とよばれる。「中華民国北京政府」というのがもっとも客観的な歴史名称だが、袁世凱の系統をひくことを重視すれば、「北洋政府」とよぶのもそれほど奇異ではあるまい。しかしこれをそのまま「北洋軍閥」と称してよいかどうかには一考の余地がある。

ひとつには、「軍閥」ということばには、敵対者による一方的な批判とレッテルはりの側面があり、権力を独占して政治に干渉する軍人は悪だという前提をうけいれることになるからだ。ちなみに、「軍閥」をこの意味において中国で最初につかったのは、新文化運動・五四運動(一九一九年)の指導者にしてのちに共産党の初代書記となった陳独秀(一八七九～一九四二）である。かれはその時事批評のなかで、「まったく無知で無能なのに、もっぱら政治に干渉して国法を破壊する、馬賊《ばぞく》式・乞食式の軍閥」と書いている（「馬賊」も日本語由来）。たしかに政治のコントロール下にない軍事は危険だが、悪だと断定すればそこで議論はおわってしまい、なぜこのような事態がおきたのか、ほんとうにそのようにとらえていいのかという検証が、まったくできなくなってしまう。よって本書では、民国政府としての政策決定や政治行動があきらかな場合は、たとえ中心的な軍人の独断とみえても「北京政府」と表記する。

つぎに、北京政府と対峙していた南方の旧国民党（革命）勢力の問題がある。かれらは自分たちこそが正統な「民国政府」だと主張したので、敵対する北京政府を「政府」とよぶわけにはいかなかった。それは敵対者の正統性をみとめるにひとしく、政治勢力としての自殺行為だからである。彼らはのちに民国の再統一を成功させたが、おのれの正統性を維持してアピールするために、旧北京政府を巨悪の代名詞たる「北洋軍閥」とよびつづけた。そして、これをたおした自分たちの、偉大な功績をきわだたせなければならなかった。

この事情は、かつて二度も国民党と合作した共産党、およびその指導下にある人民共和国もおなじであり、現在でも日本にたいする公的な態度にときおりその影響がでる。敗者がわるくえがかれるのは、そうすることで勝者の栄光がつよく印象づけられるからである。この点に注意しないと、勝者にとってつごうのよいみかただけを、われわれもいつのまにかすりこまれてしまいかねない。

三人の「後継者」たち

さて以上の点を念頭におきつつ、袁世凱没後の北京政府をみてみよう。当時、政権をうかがう大勢力は三つあった。俗に安徽派《あんきは》とよばれた段祺瑞《だんきずい》（一八六五〜一九三六）、直隷派とよばれた馮国璋《ふうこくしょう》（一八五九〜一九一九）、奉天派《ほうてんは》とよばれた張作霖《ちょうさくりん》（一八七五〜一九二八）である。出身地と地盤とが一致しているので、当時の省名プラス派という呼称になる（直隷省は現在の河北省、奉天省は遼寧省《りょうねい》におおよそ相当する）。

なぜこの三人、および各省が有力であったか。まず人脈からかんがえると、段祺瑞と馮国璋は袁世凱の腹心の部下であり、その後継者たらんとして名のりをあげるのは妥当だった。段の出身地兼地盤である安徽省は李鴻章の出身地であり、北洋軍の原点というべきところである。たいして馮の直隷省は、北京のまもりとしてもっとも重要な省であり、名称からして首都ないし皇帝（民国では大総統）「直属」を意味する。李鴻章も袁世凱も、清末に

主要な要因背景	袁世凱の死	対独参戦問題	清朝復辟	南北統一問題 1918年前半頃	南北統一問題 1918年後半頃
形勢	直隷派 （馮国璋ら） 安徽派 （段祺瑞ら） の形成	直隷派（反参戦論） 黎元洪大総統 ↕ → 張勲の擡頭 安徽派（参戦論） 特に段祺瑞総理	張勲による 復辟の強行 ↕ → 復辟の失敗 段の復活 段祺瑞	直隷派 ↕ → 安福国会 武力統一 安徽派 奉天派（張作霖）	直隷派（呉佩孚） 徐世昌大総統 ↕ → 段の辞職 南北停戦 安徽派

北洋軍閥の抗争（1916～18）

はここの総督を経験した。ここが出身地でなおかつ地盤であるということは、政界・軍界においてきわめて有利であり、李鴻章と同郷である段祺瑞にたいしても、同格かそれ以上のスタンスでわたりあえることを意味する。

段と馮が甲乙つけがたいライバルであることはあきらかだが、では張作霖はどうなのかという話になる。かれは馬賊出身で、袁世凱直属の部下ではないからだ。

ひとつには、かれの出身地兼地盤である奉天省が、清朝発祥の地であることがおおきいだろう。袁が没した一九一六年は、民国ができてまだ五年目であり、清朝はとおい存在ではなかった。失敗したとはいえ、清朝の旧臣である袁世凱が帝政をこころみた時代でもある。満洲族の旧皇族・モンゴル族の旧王公のなかには、宣統帝の復位をめざして反乱をたくらむ勢力（宗社党《そうしゃとう》）もあったし、日本の軍人や大陸浪人の一部には、これを利用して権益拡大をはかろうという謀略もあった。

奉天省はそうした反乱・謀略の発火点になる危険性がおおきく、ゆえにここを掌握した張作霖がおそれられたのである（民国の味方になるとはかぎらないため）。地理的にも、日本が植民地化した朝鮮と、一九一七年の革命によってソ連へと変貌する激動のロシアと、ロシアが辛亥革命時に分断したふたつのモンゴル（現在のモンゴル国と中国内モンゴル自治区）に隣接し、張作霖の動向いかんでは、国際情勢がおおきくうごいて民国をおびやかしかねない。そういう意味でも張は民国の命運をにぎっており、段や馮とわたりあうのにじゅうぶんな政治的背景をもっていたのである。

三すくみ

もうひとつ、張が割ってはいれた事情がある。それは、段と馮とがほとんど互角で、そのままでは決着のつけられない関係だったからである。かれらが直接たたかえば、敗れた側はかならずまきかえしをはかり、それは延々とつづくだろう（おたがいに自分の後継者をつくるので簡単にはおわらない）。ここに第三者がはいり、どちらにつくかで勝敗がきまったならば、勝者二対敗者一となるので、敗者復活のハードルはあがる。段・馮と政治的背景がことなる張作霖は、後継者あらそいに決着をつけうる第三者としても重視されたのである。事実、馮の下野後（詳細は次節）、その後継者となった曹錕《そうこん》（一八六二～一九三八）と呉佩《ごはい》孚《ふ》（一八七四～一九三九）が段祺瑞に勝った安直戦争（安徽派vs.直隷派。一九二〇年）では、両者が張のだきこみをはかり、けっきょく張が直隷派に味方して勝たせたのである。

その後、おもてむきは直隷派が奉天派と合同で北京政府を運営したが、協力者という待遇から脱しようとする後者と、そうはさせまいとする前者とのあつれきがしょうじた。とくに旧ロシアに分断されたモンゴルの回復にかんしては、過酷な戦闘が予想されたにもかかわらず、奉天軍のみにその任を負わせようとした。そのため張作霖が激怒し、第一次奉直戦争（奉天派vs.直隷派。一九二二年）のひきがねともなった。段祺瑞を下野させて敵なしであった直隷派は、自軍を勝たせる貢献をした友軍にむくいず、むしろおいおとしをはかったために、あらたな戦乱をひきおこしたのである。しかしけっきょくのところ、装備にまさる直隷軍は奉天軍をやぶった。

奉天にもどって事実上の独立を宣言した張作霖にたいし、直隷派は水面下で関係改善の交渉をすすめたが、北京政府に復帰しても、直隷派の強圧的態度が変化しないことはあきらかであった。またこうした政争で自軍と財政とを消耗させる愚を、もっとも信頼する文官であった奉天省長・王永江《おうえいこう》（一八七二～一九二七）が説いたためもあって、張は直隷派の甘言にうごかされなかった。ぎゃくに、直隷派の有力な将軍であった馮玉 祥《ふうぎょくしょう》（一八八二～一九四八）を懐柔《かいじゅう》し、第二次奉直戦争（一九二四年九月）でねがえらせ（北京政変）、戦勝した

（同年一〇月）。

直隷派との再戦に勝ち、北京政府の実力者にのぼりつめた張だが、それは同盟者・馮玉祥からすれば約束のちがう話であった。なぜなら張は、馮に協力を要請したとき、「北京政府に専権をふるわない」という条件を提示したからである。合議制がなりたたないことをさとった馮は、いわゆる反奉（反張）戦争をおこしたばかりか、国民党勢力とむすんで張作霖のはさみ撃ちを画策するまでになる。

いっぽう張の立場で考えれば、馮が完全に北京を掌握してしまうと、「北京政府」という果実にありつけない。第一次奉直戦争に敗れ、その後二年間も雌伏して再戦にのぞんだことがむだになる。しかしさきの奉直戦とは状況が一変していたことを熟慮していなかったか、直隷派の敵である自分にたいする、旧国民党勢力からの提携交渉を、張はいささか楽観していたようにおもわれる。

張と孫文との関係

旧国民党勢力は、自分たちを北京政界から追放した袁世凱、およびその直属の部下たる段祺瑞や馮国璋（かれの下野後は曹錕や呉佩孚）をつよく敵視していた。しかし、「敵の敵」であり、なおかつ北京政府の最終的な勝者となった張作霖とは、すくなくとも第一次国共合作成立（一九二四年一月）前後までは関係改善をはかろうとしていた。病身をおして孫文がはるばる上京しようとしたのも、張が事実上主宰する予定だった、第二次奉直戦争の善後会議に呼応、ないし参加するのがおおきな目的だったほどである。一九二五年に孫文は北京で客死するが、張の長男・学良《がくりょう》（一九〇一〜二〇〇一）を病床によび、「あなたがたの東北は、紅白ふたつの帝国主義の中間に位置しています。ですからあなたがた東北の若者の責任はたいへん重大です」とさとしたという。

この言葉が事実であるとすれば、孫文は国共合作にうたわれた「聯《れん》ソ・容共《ようきょう》」とは矛盾する心情を張学良に吐露《とろ》したことになる。命がけで「民国再統一」をめざした行動として現在では美化されてしまっているが、そもそも張作霖との接点をもとめて上京したことじたいが、ソ連への背信行為である。

孫文が革命家であるという無意識の前提をわれわれはもっているので、辛亥革命と国民革命（国共合作）とに、かれの人生を集約してかんがえてしまいがちである。また合作が成立してすぐに軍閥打倒が始動するとかんがえがちだが、すくなくとも存命中の孫文には、張作霖・学良父子との良好な関係、およびソ連への警戒心があったことを看過してはなるまい。

上海租界《そかい》における中国共産党創立（一九二一年）におおきくかかわり、その後、国民党との合作へとみちびいたコミンテルン（共産主義者の国際組織）とソ連は、孫文没後の一九二六年に、「軍閥打倒」と「民国再統一」とを、両党の具体的な政治・軍事目標として正式に決めた。コミンテルンの中国支部でもある共産党は、もとよりこの目標に忠実であり、合作し新しくなった国民党も、コミンテルンやソ連の援助をうしなわないために、やはり同調せざるをえなかった。孫文の死後は、張作霖と組んで北京政府に関与するよりも、「北伐」によって張をたおし民国再統一をめざす方向へと、（新）国民党はしだいにうごきはじめた。そしてその軍隊（北伐軍、国民革命軍）が、反奉戦争を発動した馮玉祥とむすんで自分をはさみうちにし、北京から追放しようとは、一九二四年一一月に北京にのりこんだ張作霖には、夢想すらできなかっただろう。

3　第一次大戦参戦問題と国政の空転

黎元洪の大総統就任

張作霖に焦点があってきたので、いささかさきばしって、かれを中心とした「その後」を書いてしまったが、じつは袁世凱没後の北京政局は、有力三派の権力闘争だけで説明がつくほど単純ではなかった。よって本節では、三派がそろう以前に影響力のあった「軍

副総統時代の黎元洪（1913年）

閥」の動向、およびそこにおおきくかかわり、以後、そのほかの「軍閥」との関係をもふかめる日本の動向や、これらに影響をあたえた国際的な変化について考察したい。

　袁世凱没後、大総統位をついだのは、それまで副総統であった黎元洪《れいげんこう》（一八六四～一九二八）であった。黎は湖北省の出身で、辛亥革命の発端となった新軍の武昌蜂起当時、現地に駐屯していた混成協《こんせいきょう》（混成旅団）の統領であった。湖北の新軍は袁世凱直系（いわゆる北洋軍）ではなく、李鴻章とならぶ洋務派官僚であった張之洞《ちょうしどう》（一八三七～一九〇九）が設立したものであり、黎も張のまねきで新軍に加入したにすぎない。ようするに袁世凱直系を保守本流とかんがえるならば、傍系といってよい経歴である。

　そのかれが、袁世凱没後の大総統になれたのは、武昌蜂起勃発時の現地指揮官であったからということにつきる。そもそも新軍の責任者として革命蜂起鎮圧の義務を負っていた黎だが、かえって蜂起軍にせまられて、清朝からの分離・独立を、湖北省の責任者として宣言させられてしまった。革命派のみこしにのせられ、その経歴をむげにもできない袁世凱の気づかいで累進《るいしん》し、さいごには副総統になったのだ。

袁の没後に大総統に就任したのも、現役の大総統が死去したから副総統があとをついだというにつきる。袁世凱の腹心であり、清末以来の陸軍エリートであった段祺瑞が国務総理に就任すると、おされぎみになるのはしかたがなかった。大総統位の限界と空虚さは、実力のない黎がついだことでいっそう露呈されてしまったともいえよう。黎は民国議会、あるいは段祺瑞に対抗しうる軍人と組んで牽制する以外には、その座にとどまる手段がないほど弱体な大総統であった。

第一次大戦をめぐる混乱

弱体な大総統と強力な国務総理という、ただでさえアンバランスな関係を一気にあやうくしたのが、第一次世界大戦参戦をめぐる両者の対立であった。なぜ中国が参戦を検討したかというと、日本にさそわれたためである。ではなぜ日本が中国をさそったかというと、ロシアがドイツに苦戦して、連合国側から離脱するのではないかという危惧があったからである。

それにくわえて、参戦による増税にあえぐロシア国内では革命運動がさかんになっており、帝政が転覆すれば隣接する東アジアに大混乱をひきおこす危険性もあった。大戦からはやく離脱しようとするロシアの、ドイツとの単独講和を阻止し、革命運動を鎮静化させて、ロシアを連合国側にひきとめるには、日本と中国とがともに参戦するしか方策がない。それが、一九一六年一〇月に内閣総理大臣に就任した寺内正毅《てらうちまさたけ》（一八五二～一九一九）のかんがえであった。

寺内は、韓国併合を推進して初代朝鮮総督となった人物でもあり、日露戦争（一九〇四～一九〇五年）以前の朝鮮におけるロシアの圧力、あるいはこれをしりぞけようとしてロシアとたたかった日本の、切迫した経緯をよく知る当事者であった。ロシア情勢が大戦のゆくえを左右することと、結果しだいでは日本も無事ではいられないことを熟知していたのである。

とはいえ、ちょうど袁世凱没後の混乱にみまわれた中国に、国家としての決定をせまるのは容易ではない。なやむ寺内に、段祺瑞への資金援助による北京政府へのてこ入れと、それによる旧国民党勢力への間接的弾圧、および中国の大戦参戦を促進するよう進言したのが、実業家・西原亀三《にしはらかめぞう》（一八七三～一九五四）であった。はじめ寺内は、内政干渉と批判されるのをおそれて反対したが、西原は朝鮮時代以来の腹心であり、また中国との好調な経済関係を維持するためにも必要だと説得された。そのためついにこれをみとめ、彼を私設秘書として中国に派遣し、複数回の資金提供をおこなった（西原借款《しゃっかん》）。総額一億四五〇〇万円もの金が段祺瑞にながれ、段は寺内らの期待どおりに参戦を決めた。ところが民国議会がこれに反対し、参戦を強行しようとした段と対立した。

大総統の黎元洪は議決重視を口実にして議会側につき、かねてから段とおりあいのわるかった張勲《ちょうくん》（一八五四～一九二三）の軍隊を北京にいれて、段を窮地におとしいれた。しかしこれは、政治的基盤および資金源が薄弱で、ほんらいならば大総統としての器量をもたない黎にとって、おもいもよらない危機をまねくことになる。

張勲に白羽の矢をたてたのは、袁世凱の部下として一九一六年に安徽督軍（省の軍政長官）となり、徐州《じょしゅう》を中心に威をほこる一大軍事勢力だったからである。経歴上は段祺瑞や馮国璋と見おとりがしないし、袁世凱とのつながりが薄かった黎が便乗するにも好都合な相手であった。

ただ張勲には、段・馮とおおきくことなる点があった。それは、かれが清朝復辟《ふくへき》（清朝復興）を公言し、自身がまだ辮髪をのこしていただけではなく、その軍隊にも辮髪を強制していたほどの共和制否定論者だったことである。

黎元洪は、段祺瑞への対抗馬として張勲を利用するつもりでいたが、張はかえって黎をおどして議会を解散させ、突如宣統帝の復位、つまり清朝復辟を宣言してしまった。この事件は首謀者の名をとって、「張勲の」復辟とよばれる。

予想を超えた張勲の暴走に、黎元洪はなすすべもなく、けっきょく段祺瑞が組織した討伐軍によって混乱は一二日間で収束した。鎮圧した段の権力はかえって強くなり、黎は混乱の責任をとらされて、大総統を辞任する。

袁世凱没後の北京政局は、安徽・直隷・奉天の有力三派の混戦を基調としてかたられることがおおく、純粋な内政と軍事にしぼればそれはあながちまちがいでもないが、第一次世界大戦への参戦問題からもあきらかなように、国際情勢がからんだばあいには、三派だけですべてが決まったわけではない。しかし政治が空洞化しているがゆえの、大総統位の権威失墜と国策決定力の欠如は、それを公然の前提として、黎をかやの外において国務総理の段が収拾できるほど単純なものでもなかった。むしろ権威回復をねらった黎の失政によって、袁世凱の帝政運動以上の反動、すなわち張勲の復辟事件というところにまできわまったといえよう。

4 「かね」でかわれた大総統位

計五代の大総統

民国成立（一九一二年一月）から北伐完了（二八年六月）までの約一六年半、「大総統」は五人しかいない（ただし黎元洪が再任されているので六代となる）。順に列挙してみると以下のとおりになる（かっこ内は在職期間）。

1、袁世凱（一九一三・一〇〜一六・六）
（それ以前は臨時大総統〈一九一二・三〜〉。なお、国民会議により皇帝に推戴されてから帝政を撤回するまで〈一九一五・一二〜一六・三〉も、在職期間にふくめる）

2、黎元洪（一九一六・六〜一七・七）
（「張勲の復辟」事件時〈一七・七・一〜一二〉には大総統職廃止）

3、馮国璋（一九一七・七〜一八・一〇）

4、徐世昌（一九一八・一〇〜二二・六）

5、黎元洪（一九二二・六〜二三・六）

6、曹錕（一九二三・一〇〜二四・一一）
（黎と曹との間は、国務総理の高凌霨《こうりょううつ》〈一八六八〜一九四三〉が「摂行大総統職」であった）

臨時大総統時代をふくめると袁世凱が約四年、黎元洪が二回でのべ二年の在職経験があるのをのぞくと、直隷派の馮国璋、およびその後継者たる曹錕は一年ずつしか在職していない。安徽派の段祺瑞は、代理もふくめて国務総理にはしばしば在職している（一九一三・

七、一九一六・四～六〈国務卿〉、一九一六・六～一七・五、一七・七～一一、一九一八・三～一〇）が、大総統にはなったことがない。奉天派の張作霖は国務総理にもなったことがない。なお、袁世凱とほぼ同じ在職期間をもつ徐世昌《じょせいしょう》（一八五五～一九三九）は盟友で、清末から袁が没する一九一六年まで、不遇な時期や帝政運動期もふくめてかれをささえつづけた人物であった。民国初期においては唯一、袁の名代とみなされて大総統職にあったとみてよいだろう。また黎元洪をのぞけば、すべて袁世凱人脈が大総統職を占めていることも注目にあたいする。

空虚な存在

では、袁世凱以後の大総統がどのようにえらばれているかをみてみる。黎元洪と馮国璋は副総統からの昇格であったが、馮が大総統になると副総統はおかれなくなった。背景には、段祺瑞との確執があったとかんがえられる。次期大総統としての副総統をおけば、段やその一派がこれを要求して、馮と直隷派とを窮地におとしいれる危険性があったからである。

馮は大総統に就任するとあたらしい選挙法を公布し（一九一八年二月）、衆参両院議員をおおはばに減らした。民国初期の議会（国会）は、黎元洪と段祺瑞の対立時にもあきらかなように、いわば「第三極」として政局を左右することがおおかったため、大総統の権限強化策として議員数をへらしたとみるべきだろう。

ところが、この新法にもとづく参議院議員選挙が告示されるや、議員数削減に反発した安徽派の政治家たちが、安福倶楽部《あんぷくくらぶ》というあらたな政治組織を結成し、おおくの賛同者をあつめた。結果、この組織にぞくするものが多数当選し、「安福国会」とやゆされるほどであった。徐世昌が大総統にえらばれたのは、この「安福国会」がかれを選任したためであり、その目的は馮国璋の排除であった。

安徽派との対立ゆえに、自分の配下のなかから副総統をえらべなかった馮国璋は、議員数削減を強行して大総統の権限強化をはかったが、国会掌握の好機を安徽派にあたえてしまい、とうとう下野するはめにおちいった。

「軍閥」間の抗争というと、どうしても内乱（戦争）に目がいきがちだが、このような権力闘争が政局を決することも看過してはなるまい。つまり有力軍人の力関係や、内乱における勝敗ですべてが決まるわけではなく、武力をともなわないあらそいや、軍人ではないもの（政治家、文官など）の関与もまたおおきかったのであり、いわゆる「軍閥」も、かれらの意向を無視して統治をおこなうことはできなかったのである。

安徽派の指導者たる段祺瑞は、一九一八年三月から国務総理であったが、徐世昌が大総

段祺瑞

統に就任すると免職されている。しかしかれは、参戦《さんせん》督弁《とくべん》（一九一七年一二月、世界大戦参戦問題処理のために設置された、大総統直属の臨時職）にはとどまった。同時に安徽軍を「参戦軍」と改称したことからわかるように、かつての李鴻章や袁世凱と同様、私兵を国軍に昇格させうるつよい軍権をもち、世界大戦に「参戦」できる軍を掌握しているという意味では、外交上もおおきな実権を有する地位とみてよい。

かれは以後、国務総理に復帰することはなかった。大戦終結にともない、一九一九年七月に参戦督弁職を解かれると、大総統直属の辺防督弁《へんぼうとくべん》、すなわち国境防衛の最高責任者へと変身した。「参戦軍」は「辺防軍」となった。いうまでもないが、段は国境防衛に必要な外交権限をも維持したということになり、国務総理職になくともじゅうぶんに大総統に対抗できる（あるいはしのぐ）実力をもっていたのである。

以上のことからわかるように、大総統職のよわさをおぎなうために、国務総理の強権によって段祺瑞が、大総統のはたらきを代行していた時期がある。しかし「第三極」である国会を事実上掌握し、かつての上司の盟友・徐世昌を大総統にいただいて、ライバル・馮国璋を排除した時点で、大総統職代行としての、あるいは大総統職に対抗するための国務総理職は、段にとって執着の対象ではなくなったのだ。

換言すれば、大総統につづいて、あるいは連動して、国務総理もまた、民国政治にとっては空虚な存在になってしまったのである。大総統に直属して、ほんらいは大総統が行使すべき軍権と外交権とを掌握できる地位、さらに大総統を牽制しうる、立法権をもつ国会の掌握、この二点さえ確実であれば、段が民国最高実力者でありつづけるにはじゅうぶんだっただろう。

繰り返される権力闘争

いっぽう段のこのような政治手法、また馮国璋が排除され、国会にもくいこめなかった経緯にたいして、直隷派の不満はしだいにたかまっていった。

馮の下野をうけて、直隷派には二人の有力者があった。一人は曹錕である。清末に袁世凱が新軍をたちあげたときにかれは一兵卒として加入し、民国になって袁が臨時大総統となると北洋陸軍の第三師団長に任命され、一九一五年には将軍位をさずけられた。袁の没後、一九一六年九月に直隷督軍となり、翌年「張勲の復辟」事件に参与したが、段祺瑞に投降して張勲を討つ責任者となり、その後も直隷省を中心に勢力をはっていた。立場と経歴を考えれば馮国璋とほぼ同格、むろん段祺瑞に対抗しうる実力者とみていいだろう。

もう一人の呉佩孚は、袁世凱との直接の接点はないものの、士官学校相当の教育をうけたインテリ将校であった。一九一四年から曹錕の部下となり、第三革命の主体たる「護国軍」を討伐して、一九一八年六月に将軍位をさずけられた。一省を支配する督軍は未経験ながら、曹錕の信頼があつかった。

呉佩孚

かれらは張作霖を味方につけ、安直戦争に勝利して、段祺瑞をいったんは失脚させた（一九二〇年）。しかし協力者だったはずの張は、内閣を籠絡《ろうらく》して奉天軍の軍事費を増額させたうえ、各省の人事や外モンゴル問題でも直隷派にさからったため、両派の同盟による北京政権の運営は一九二二年に破綻してしまう。第一次奉直戦争はその帰結であった。
直隷派は奉天派をやぶったが、その後の政局運営は不調だった。まず「安福国会」がえらんだ大総統・徐世昌が辞任し、後任には黎元洪がむかえられた。これには、呉佩孚がかかんがえていた「法統《ほうとう》の回復、全国の統一」という大義名分がふかくかかわっていた。つまり、段祺瑞が私物化した国会がえらんだ徐世昌には「法統」、すなわち正統性がなく、袁世凱の急死によって副総統から昇格した黎元洪のほうに、まだしもそれがあるということである。

とはいえ黎は段との権力闘争にやぶれ、張勲の復辟事件をひきおこすという、大失態を演じた人物である。それにもこりず、黎は復職にあたって各省の督軍をいったん廃止し、兵士を削減する政策の実行という条件をだしてきた。ねらいは、直隷督軍をつとめた曹錕への圧迫であることはあきらかだった。

いったんは黎の大総統就任をみとめた曹錕だったが、黎をおした呉佩孚とは疎遠になった。しかし黎の画策により直隷派の解体がはじまると、曹も呉も危機感をいだいた。曹は黎に対抗して、大総統選に出馬する決意をかためる（一九二二年末）。

年があけると曹は国会議員の買収に着手し、六月には「公民団《こうみんだん》」をやとって天安門前で「国民大会」を挙行させ、黎の辞職をもとめた。部下に黎の家宅捜索までさせたため、たまりかねた黎は天津《てんしん》へ逃亡した。さらに曹は大総統印を強奪し、黎が決して復職できないようにおいつめた。

大総統の賄選

曹錕はこのように強引に黎をひきずりおろしたが、そのぶん自分自身は、国会で大総統にえらばれることにこだわっていた。それは呉佩孚のいう「法統」獲得に、どうしてもその手続きが必要だったからである。やぶれた張作霖や、南方でまだ「護法」をさけんでいる旧国民党勢力に対抗するためにも、国会での選出による大総統でなければならなかった。ただし、安福倶楽部のような〝御用組織〟をもたない曹錕は、衆参両院議員買収という、より露骨な手段にうったえざるをえなかったのである。

曹錕

悪名たかい「大総統の賄選《わいせん》」がおこなわれたのは、一九二三年一〇月のことであった。曹錕は、一票あたり五〇〇〇元もだしたといわれている。ともあれ、直隷派の総帥が大総統に就任するまでこのような迷走状態だったということは、内乱に勝っただけでは直隷派も安泰ではなかったということである。

一九一九年の五四運動のように、政府が民間人のつきあげをうける時代が到来していた。そのため、軍事的強権だけでは四分五裂した中国をまとめあげることはできず、「法統」なり民意なりを演出してみせなければならなかった。大総統職を「かね」で買った曹錕はたしかに醜悪だが、「法統」のもとで政治を回復するという使命を、いっぽうでは表明していた。

それはもちろんポーズだが、たとえポーズだけにせよ、まさしくそういう格好をつけなければ政権がなりたたないところにまで、どうにか中国が到達したということでもある。わずか六、七年前まで、帝政に逆行する危機を二度も経験していることをおもえば、後世非難されるような事態のなかでも、民主共和制というかたちはくずさないところにまで、民国政治は成熟したのである。

5 「基督将軍」馮玉祥

学問好きの将軍

大総統に就任した曹錕は多忙になったため、自軍の精鋭部隊を呉佩孚にまかせるようになり、直隷軍は呉佩孚軍のような様相を呈しはじめていた。

しかしその呉佩孚も、地位が盤石だったわけではない。かれがもっともおそれたのは、安直戦争のさいに直隷軍にはいってきた馮玉祥であった（馮国璋と同姓だが血縁者ではない）。かれは安徽省の軍人の子としてうまれ、一二歳で兵士となり、淮軍ついで袁世凱の新軍に

馮玉祥

編入された。新軍では昇進にあたり筆記試験を課しており、成績優秀者には賞金もでたため、馮は「気《き》死《し》学生《がくせい》」（ほんものの学生を憤死させそうだ）とからかわれるほど勉学にはげんだ。兵士以外の生活を知らない人間が学をこころざすのは、「兵は無学」と決まっていた時代には奇異の目でみられたのである。

辛亥革命当時、馮は新軍兵士としての軍事訓練をうけている最中だったが、ひそかに蜂起の計画をねり同志をつのっていた。しかし指揮官が、清朝にたいして反乱を宣言するような内容の改革意見書を提出して左遷されてしまったため、蜂起を断念し軍職を辞した。生活のために軍隊に入り、それしか知らない人間が革命をこころざし、しかし挫折して軍を去るというのはよほどのことである。

民国期になると、軍事力拡大をはかる袁世凱のもとでけっきょく陸軍に復帰し、しだいに頭角をあらわした。いっぽう、義和団事件鎮圧のころからひかれていたというキリスト教に正式に入信したのは、一九一三年のことだった。だが第三革命に加担したあと、そのことじたいは不問に付されたが、自軍をきびしくきたえなおしたことが段祺瑞の警戒心を刺激し、旅団長を解任されてしまった(一九一七年春)。

そののち張勲の復辟事件があり、段が事態を収拾するにあたり兵力を増強し、よりおおくの指揮官を必要としたため、馮ももとの旅団長に復帰できた。張軍を討って一件落着したが、溥儀《ふぎ》(宣統帝)を紫禁城に住まわせ、「清室優待条件」でなおも保護しようとする段祺瑞と、帝政否定の行動を三度もおこし、神の前での万民平等を信じる馮玉祥とは、またおりあいがわるくなっていった。

一九二〇年の安直戦争のさいに、かれは直隷省に駐屯していたため、名目上は曹錕の配下であったが、部隊には安徽省出身者がおおかったため、ひじょうに複雑な立場であった。結果的には安徽軍が負けたので、直隷軍にはいったとみなされるようになる。呉佩孚からみると、曹錕直系の軍人ではないにもかかわらず、いつのまにか直隷軍にはいってきて、しかも独自の信念とキリスト教信仰をもつ異色の人物である。手のうちがわかっている同輩たちよりも、むしろやっかいだっただろう。

馮は上記の経緯もあって、第一次奉直戦争では直隷軍としてたたかうかどうか、曹錕も呉佩孚もあやぶむほどであった。しかし馮は直隷軍につくと言明し、呉の本拠地である河南省をまもる任務を完璧にこなした。もっとも、馮にもそうせざるをえない理由があった。

安直戦争前から段祺瑞とおりあいがわるく、さりとて直隷軍にもパイプがない馮は、軍事勢力としては孤立していた。その窮地を脱出できたのは、直隷軍が重要な諸省を獲得し、馮が態度を鮮明にするまえに安徽軍に戦勝したからである。安徽軍に味方しそうであった馮がそのように行動しなかったことは、直隷軍にとっても幸運であったので、馮は自軍を維持したまま直隷軍にはいることができた。

民国再統一という理想

直隷軍勝利に貢献し、以後はその有力者とみなされた馮玉祥だが、いわば〝客軍〟として一目おかれたにすぎず、それは同時に、周縁部に位置づけられることを意味していた。軍隊を兵士の生活手段とみなしてきた中国では、大軍にくみこまれただけでも兵にとっては果報というべきだったが、馮はそれでは満足しなかった。

無学な少年兵からたたきあげたかれがつよく信奉していたのはキリスト教と共和制であり、自軍の朝礼時（そもそも朝礼をおこなうこと自体が当時の「軍閥」では異例である）にも、その信念にもとづく講話をよくしていた。日記をよむかぎり、馮は毎朝ほぼ四時半には起床し、読書にはげんだあと、五時半から六時ごろにかけて朝礼と講話をおこない、執務のあいまには新兵たちと面会している。部下の冠婚葬祭にはかねをだし、本人にも祝意や弔意を直接のべ、病気の部下の見舞いをして体をふいてやるなど、じつに配慮のこまやかな統率者であったことがうかがえる。しかしこのまじめさと評判のよさ（「平民督軍」・「模範軍隊」などと称された）、新兵補充による軍備拡張などにより、呉佩孚は馮をつよく警戒するようになった。また、呉が縁故推薦した人物の登用を馮がことわったこともあいまって、呉と馮とはしだいにおりあいがわるくなった。

たんなる理想主義者ではなく、過去には共和制の実現ないし回復のために三度も行動した馮だが、直隷軍の周縁部から脱却し、曹錕や呉佩孚と妥協しないかぎり、民国政治の改革には関与できない立場であった。しかしいっぽうで、かつて段祺瑞から警戒されるほど、自軍の訓練にはげみ規律をただしたのは、共和制国家にふさわしい、たかい使命感をもった軍隊をつくりあげるためであった。

だが理想を追求しつつも呉佩孚と疎遠になり、直隷軍における自己の限界をおもいしらされたかれは、曹錕が大総統就任にむけたただきこみをはかろうとするのをこばみ、しかし黎元洪のさそいにものらず、旧国民党勢力・安徽派・奉天派の連合からも距離をおいた。張作霖にいたっては使者を派遣し、軍資金の提供をもちかけて懐柔しようとした（それは将兵も知っていた）。しかし馮は、「小さな利益を見て大きな道義をわすれたら、人はなんというだろうか」(一九二三年六月一一日)、「私はそんなことはしない」(同二〇日)と将兵に言明し、日記に書きつけるほど、断固として拒絶している。

潔癖な馮は、曹錕が「賄選」により大総統に就任したことには嫌悪感をいだいていたが、いっぽうでは軍備の不足になやんでいた。そのため曹錕が支給する武器弾薬にたよらざるをえず、返礼として曹に巨額の上納金をおさめるという、矛盾した行動をとっていた。いっぽう南方の孫文は、曹錕が大総統に就任した直後からこれを討つ、つまり「北伐」という決断をくだし、その軍の大元帥を名のった。

かつて辛亥革命直後の蜂起に挫折した馮にとって、そのよびかけは、かれがひさしくわすれていた革命の情熱をよびおこすものだった。さらに馮のもとには、孫文の親書と著書『建国大綱《けんこくたいこう》』とをたずさえた使者がおとずれ、北伐軍に参加するよう熱心に勧誘した。一九二三年秋には旧国民党勢力・安徽派・奉天派の同盟が成立し、さらに馮がひそかにくわわった。かれが加盟に同意したのは、直隷派を討って中華民国を再統一し、孫文を大総統にむかえて、軍事と政治との関係を正常化できるという期待があったためだった。

北京での「革命」

かくして一九二四年九月に第二次奉直戦争が勃発するが、そのまえに馮は、曹錕や呉佩孚にたいして直接いさめたことがあった。しかし呉佩孚は返信の封筒に、「少説話」（やかましいぞ）と大書してよこしたあげく、馮を強引に第三軍の総司令に任命し、熱河《ねっか》（現在の河北省承徳《しょうとく》市近辺から内モンゴル自治区や遼寧省の一部）におしやろうとした。

熱河は、当時の奉天省と北京とのあいだに位置する戦略上の要地であるから、ここを馮にまかせるというのは、表面的にはかれをおもんじているようにみえる。しかし交通の便がわるく補給路を確保するのがむずかしいところで、それがわかっていながら、呉は馮になんの支援もしなかった。馮にたいする反感の蓄積と、直言をきかされた腹いせからの報復措置とかんがえていいだろう。

第２次奉直戦争直前の馮玉祥軍の兵士

さらに呉は、馮にたいして監視役を二人もつけ、張作霖を討ったら馮を討ってもよいとまでいいふくめた。ところがこの二人は、たまたま馮の旧友であったため（ただし、ながらく別々の部隊に所属していた）、馮にはすべてつつぬけだったという。

熱河での行軍は、悲惨きわまりなかった。すでに呉佩孚が自軍のための食糧を徴発しつくしたあとであったし、気候が寒冷で、八月だというのに夏用の軍服ではさむかったという。食糧不足とあいまって、なれない土地に将兵はくるしんだ。一〇月一九日に馮はおもだった将官をあつめ、自軍を北京にむけて進軍させることと、さらに「国民軍」と改名することを決めた。また馮は奉天軍に使者をおくり、停戦救国をよびかけた。奉天軍からも密使が軍資金をたずさえてきて、熱河における軍事行動は双方が停止することで同意した。

ひそかに北京にはいった馮は、二三日についに政変（本人にとっては「革命」）をおこす。曹錕はただちに停戦を命令し、呉佩孚を左遷して事態を収拾しようとしたが、馮は納得せず、なおも「和平統一会議」の召集をもとめた。一一月になると直隷軍の敗北は決定的となり、曹錕は大総統を辞職し、馮の監視下におかれた。

ただ馮の目的は、あくまでも中華民国の正常化と「革命」の完遂であったから、「賄選」された曹錕が大総統を辞職しただけではおわらなかった。かれの最終目的は、孫文を大総統にむかえて民国再統一をはたすことだったからである。奉天派などとの同盟にくわわったのも、孫文を大総統にむかえるのが条件だった。さらには「清室優待条件」によって保護され、紫禁城内にかぎって「皇帝」をなのっていた溥儀も、民国の再統一をめざす馮にはゆるしがたい存在であった。

一一月四日に召集された国務会議は、溥儀を紫禁城からだして、「中華民国国民としての法律上の権利と義務をもつ」ものとすること、皇帝の尊称を永久に廃止することを決定した。翌日この決定を受けて、「国民軍」将官（馮の部下）が、溥儀に「平民」になるよううながしに行った。自分たちは三〇〇〇の兵を擁している（実際には将官二人と少数の護衛兵のみだった）というので、おそれをなした溥儀はかれらにしたがい、その日のうちに皇后や側妃らをつれて実父（もと「摂政王」・醇親王載灃）の邸宅にうつった。その後も「国民軍」は載灃邸を監視下においたが、すきをみて溥儀らが北京の日本公使館へと脱出し、ついで天津の日本租界《そかい》に逃亡したてんまつは、かれの著作『わが半生』にくわしい。

なお、溥儀の居住区域もふくめて紫禁城が「故宮博物院」として完全公開され（一九二五年）、貴重な文物の掠奪や溥儀らによる勝手なもちだしをふせいだうえで、収蔵品を管理するための専門委員会が成立したのも、もとはといえば馮玉祥の上記の決断から可能になったことである。

孫文の死

しかし安徽派の段祺瑞は、かつて「清室優待条件」をめぐって対立したあげくに直隷派にはいった馮の、このような「革命」をゆるさなかった。「上官」の曹錕をうらぎり、なおかつ「先帝」溥儀を追放したとして非難しはじめる。そのいっぽうでは、段も孫文を大総統にむかえるかのようなポーズをとり、旧国民党勢力および奉天派との同盟をくずさなかった。

孫文は馮の「革命」成功と大総統就任要請をうけて（馮は孫文のもとに親筆の書状をもたせた使者をおくり、上京をうながした）、上海や日本や天津などをめぐって講演をし、あたかも凱旋《がいせん》将軍のように熱狂的に各地で歓迎された。この状況に危機感をいだいた段祺瑞は、孫文が北京に到着するまえに自分の政治基盤を再建しようとかんがえ、一九二四年一一月二四日には馮と張作霖の同意もとりつけて、「臨時執政」に就任する。

直隷派をおいおとした自負があった張作霖も、孫文を大総統にむかえようとする（もと直隷派の）馮玉祥が、功績を独占するつもりではないかといううたがいをもちはじめた。段を「臨時執政」にすることをきめた会議でも、奉天軍の論功行賞をめぐって馮と対立し、以後、馮との約束（北京政府で専権をふるわない）をやぶって、段祺瑞とくんで馮の排除をかんがえるようになる。

このように、反直隷派というだけでむすびついていた段祺瑞・張作霖・馮玉祥の同盟がほころびつつあったところに、一二月三一日に孫文が北京いりしたところで、もはやかれが大総統になれるわけはなかった。切望していた「国民会議」もひらかれぬまま、かねてわずらっていた病により、孫文は一九二五年三月一二日に、「革命いまだ成らず、同志すべからく努力せよ」という遺言をのこして永眠した。

上京前、コミンテルンやソ連と孫文が接触し、その指導のもとで共産党との合作にふみきり、国民党を改組した（一九二四年一月二〇日）のも事実だが、いっぽうで、馮のまねきに応じて上京し、国民会議をへてゆくゆくは大総統になろうとしていたという事実もわすれてはならない。

つまり孫文は、死ぬまで国共合作と「軍閥」連合とをはかりにかけていた。北京いりまでのプロセスをみると、むしろ後者に重きをおいていたようにおもわれる。だからこそ張学良に期待をかけ、ソ連を警戒するような示唆をあたえ、民国が「軍閥」連合と国共合作とのどちらにかたむいても自分はたおされないように、政治的な保険をかけていたのではなかろうか。

歴史に「もしも」は禁物だが、あえてその「もしも」、つまり段祺瑞・張作霖の側が国民党の北伐軍や馮玉祥の国民軍をやぶった場合でも、孫文は「国父」あつかいをされたであろうと筆者はかんがえている。現在では「軍閥」時代の終焉とみなされている一九二八年六月までの、張と段祺瑞との関係を解く次節で、その真意をおいおいあきらかにしていこう。

6 「軍閥」時代のおわり

政局の大混乱

大総統職をめぐる政治の空転は、ほんらいその職にあるべき孫文をむかえることで、ひとすじの光明がみえかけていた。しかし、ながらく大総統の事実上の代理であった段祺瑞にとって、孫文の北京政府への「君臨」は、納得のいかないものだっただろう。独自の軍事力をもたず、清朝新軍のねがえりという偶発的事件から、なしくずしに革命をすすめ、民国の実体をつくれないまま表舞台からおりた孫文よりも、袁世凱の没後、民国の政治・軍事・外交のかじとり役をつとめてきた段祺瑞のほうが、政務経験ははるかに豊富だったからである。安直戦争にやぶれたとはいえ、奉天派や改組前の旧国民党勢力、あるいはかつて敵対した馮玉祥ともくんで直隷派を失脚させ、北京政府にかえり咲くだけの実績はあった。

孫文の北京いりにさきんじて「臨時執政」というあらたな職についた点は、大総統直属の特別職にあったころと発想はおなじだろう。国務総理職にはこだわらず、それでいて機動力のある地位にあって、自分が有利なときには主導権をにぎり、不利なときにはやや後方から影響力を行使しようとする、政治家としてのポリシーがうかがえて興味深い。

かくして曹錕が辞任して以降、北京政府で大総統に就任するものはあらわれなかった。

あえていえば、孫文が病没しなければその可能性はあった。しかしかれが北京いりからわずか三ヵ月あまりで亡くなったことは、あたかも革命の英雄が無念の最期をとげたかのような印象を、ひろく世間にのこしたのも事実である。孫文への同情や哀惜《あいせき》の念がたかまったなかで、おもてむきは、孫文を大総統に推挙する姿勢をみせていた段祺瑞が大総統になるのは、再三ダメージをうけている彼の前歴をかんがえると、リスクのおおきすぎる選択であった。

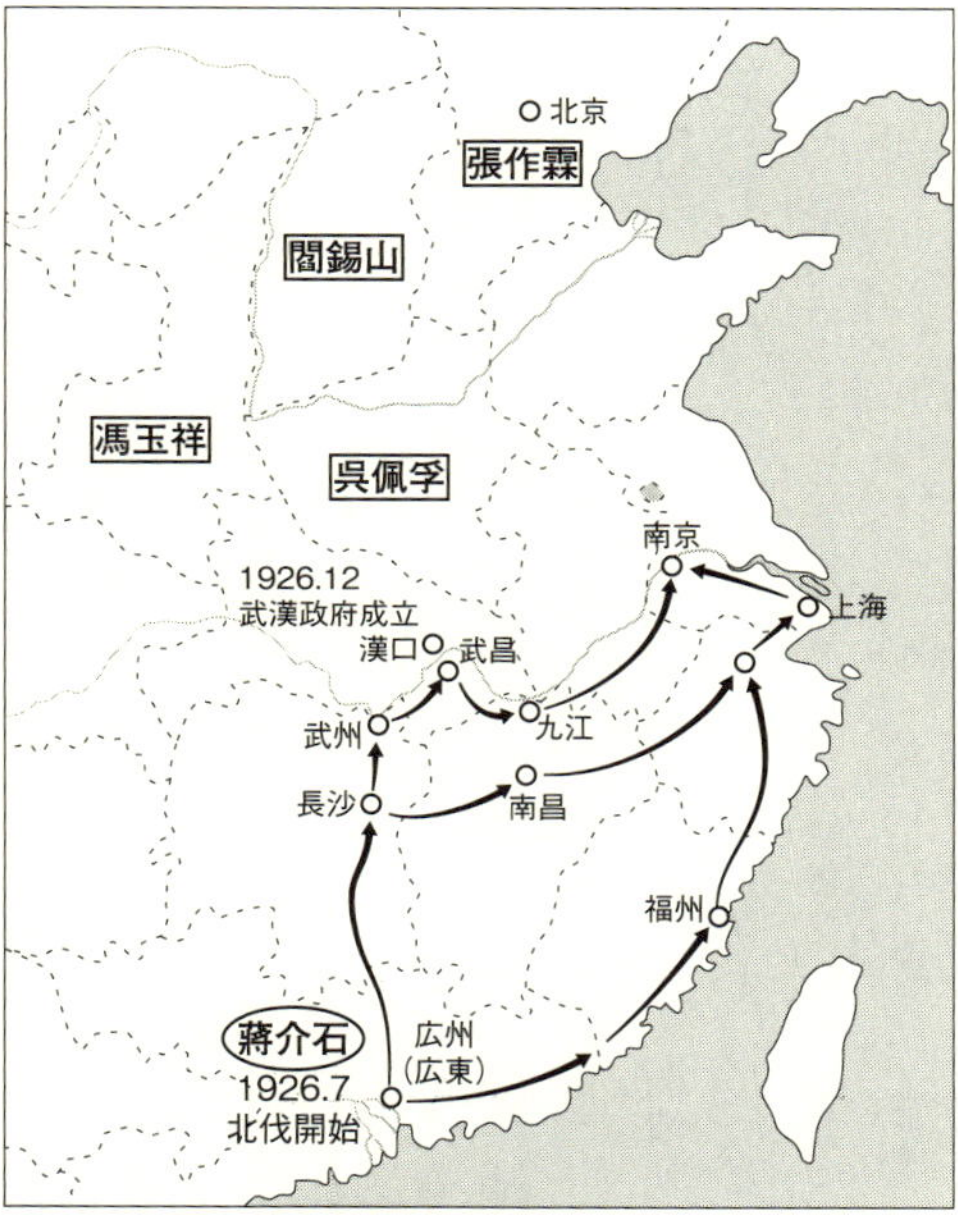

各地の「軍閥」と国民革命軍の北伐ルート

　また「賄選大総統」曹錕です

ら、国会での選出という手続きをふんで就任したこと、呉佩孚が「法統」の維持にこだわったことをおもえば、かれらをやぶった段としては、曹や呉が国会と「法統」を混乱させた点は非難できても、彼らがかかげた方針じたいは共和制確立に不可欠であるから、これを完全否定することはできなかった。つまり、「臨時執政」から大総統への自動的なくりあがりはできなかったといえる。

つぎに、大総統・国務総理とならんで国政の核をなすはずの国会についてみてみよう。段がかつてつよみにしていた「安福国会」は、直隷派が実権を掌握していた時期も存続していたが、第二次奉直戦後の一九二五年二月に改組された。安福系議員ものこったものの、全体的には改組後の国民党勢力・奉天派・旧清朝の遺臣まで網羅されたため、段祺瑞の独断でうごかせる状態ではなかった。同年三月に孫文が死去したあと、七月には「臨時参政院」が発足する。しかし、議長からして『清史稿《しんしこう》』編纂でしられる趙爾巽《ちょうじそん》（一八四四〜一九二七）であったし、メンバーには旧清朝の皇族やモンゴル王公までふくまれており、御用政党をもとに選挙でえらばれた「安福国会」のほうが、民国議会のありようとしてはまだましだったのではないかとおもえるほどである。

上記のような国会の変容からわかるのは、民国が排除してきた清朝支配層までとりこまなければならないほど、孫文没後の北京政局は混乱していたということである。また「みこし」にせよ、孫文を大総統にかつぐプランが根底からくずれた影響は、ひじょうにおおきかったということでもある。

馮玉祥の敗北

さて孫文を大総統に推挙しようとしてきた馮玉祥だが、孫文の没後には孤立して、立場がくるしくなった。転変する北京政局をいきぬいて、権謀術策にたけた段祺瑞や、「軍閥」混戦を制した張作霖は、かれをしだいにとおざけるようになった。

張はとくに、奉天軍の論功行賞をめぐって馮と対立して以来、おれあう姿勢を見せていなかった。馮のほうからわびをいれるようにとすすめた段祺瑞にも耳をかさず、一九二四年一二月二四日に馮は下野を宣言し、国民軍の指揮を部下にまかせて、北京郊外にひきこもってしまった。

段は同盟の一角がくずれることをおそれて、馮にとくべつな軍職を用意し、察哈爾《チヤハル》・綏《すい》遠《えん》各特別区（両方とも現在の内蒙古自治区の主要地域）と甘粛省《かんしゅくしょう》とを管轄するように提案してきた。馮は海外へ出ることも当時かんがえていたが、わずらわしい北京政府にかかわるよりも、辺境で難をさけたほうが有益であるとおもいなおしてその提案を受諾し、北京周辺にごく一部の留守部隊をのこして、西北地方へおもむいた（このとき帯同した部隊を「西北軍」と改称)。

もっともこの地域に赴任した結果、内地では捻出にくるしんでいた軍事費を提供してくれるものがあらわれた。それは、国共合作の推進者であったソ連であった。ソ連は、国民党と馮玉祥との関係が良好なのをみて馮に接近し、武器弾薬や軍事費を提供するだけではなく、軍事教官をもおくりこんできた。ただしこのときの馮は、「赤化」したという世評をうちけすために、共産主義の宣伝工作にはのらないよう、西北軍の全軍に指示している。

いっぽう一九二四年から一九二五年にかけて、奉天軍は長江流域に南下し、第二次奉直戦争にかかった軍事費とその後の自軍の維持費とを、経済先進地帯であるこの地域から徴収しようとした。これにたいして、もっとも中心的な徴収対象地域にある浙江省の「軍閥」が、近隣四省を糾合して反撃した。かれらには呉佩孚が援護を表明したので、奉天軍の立場はよけいにくるしくなった。

窮地におちいったこの南下作戦を収拾するため、張作霖はおりあいのわるい馮玉祥に援軍を依頼せざるをえなかった。しかし馮は、張が北京政府からかれを事実上しめだした非をとがめて、救援要請をことわった。これにより張作霖は、孤立無援の状態で、長江流域の連合軍を敵にまわすことになった。

ところで、北京における張作霖の専権や、長江流域での膨張政策を不快におもう軍人は、奉天派内部にもいた。その代表格が、長男・学良の指導教官であった郭松齢《かくしょうれい》（一八八三〜一九二五）であった。一九二五年の秋、日本でおこなわれた大規模な軍事演習を見学しにいった郭は、かれとの接触をもとめて馮が派遣した部下と意気投合し、張作霖への不満をもらした。この部下はすかさず、現在の内乱はすべて張作霖に原因があると説き、これ以上内乱にかかわりたくなければ、馮玉祥と同盟するように示唆した。帰国後、馮を討伐するよう張から命令された郭は、これを拒否した。張作霖じしんが、郭にたいして奉天での事情説明を三度ももとめたが、郭はまったく応じなかった。

そのいっぽうで、馮玉祥にひそかに会いに行った郭は、馮もかつては革命派であったという、自分（もと中国同盟会員）との共通点を知って信頼をふかめ、張作霖打倒のために挙兵することを約束した。一九二五年一一月二二日、郭は「東北国民軍」を名のって張作霖に反旗をひるがえした。いわゆる郭松齢事件である。

郭軍は一時期、張軍を窮地においやり、張作霖は自殺をこころみるほど戦局を悲観していた。しかし日本側（関東軍）の間接的援護により、郭軍は奉天にのりこめなくなって足どめされた。そこを張軍に逆襲され、郭松齢は一二月二五日に殺された。

政治生命を復活させた張作霖は、かつての政敵・呉佩孚と同盟して馮玉祥をおいつめた。万策つきた馮は、一九二六年三月二〇日に中華民国を出てモンゴルへのがれた。五月九日にはモスクワにはいり、翌日には国民党に正式に入党する。

「大元帥」張作霖

いっぽう「臨時執政」段祺瑞は、直隷軍がふたたび上京してきたために立場をうしない、辞職した（一九二六年四月二四日）。北京政府ではまた大総統に相当する存在がうしなわれ、めまぐるしく三人の国務総理が立てられては「摂行臨時執政職」を兼任した（一九二六年五月一三日～二七年六月一七日）。しかしそもそも、「臨時執政」じたいが大総統の代行職であるから、「代行の代行」ともいうべきむなしい存在である。

かつての同盟者・段祺瑞を下野させてしまい、馮玉祥を国民党にはしらせてしまった張作霖には、呉佩孚との同盟を存続させる以外に生きのこる道がなかった。いっぽう国民党の側も、孫文存命中に「軍閥」同盟にくわわった過去は汚点であった。それを想起させる「大元帥府」を「国民政府」にあらためたのは一九二五年七月であり、旧来「大元帥府」に協力してきた諸軍を「国民革命軍」に改編し、蔣介石《しょうかいせき》（一八八七～一九七五）の指揮下においた。さらに「軍閥」と妥協した過去を完全払拭するには、ソ連・コミンテルンが一九二六年に決めた国共合作の基本方針（軍閥打倒による民国再統一）を実行する、すなわち北伐しか道はなかったのである。

こうして、「国民革命軍」が「北伐」により張作霖・呉佩孚の連合軍（一九二六年一一月に「安国軍」と改称）をおいつめていく過程で、張は華北・東北一五省におされるかたちをとって「安国軍大元帥」に就任する（一九二七年六月一八日）。その後も敵軍が捨てた「大元帥」の名称をつかいつづけ、翌年六月に北京から奉天へもどる途中で関東軍により爆殺される（四日）まで、ついに「執政」にも「大総統」にもならなかった。

かつては孫文を大総統に推すことに同意していた張だが、けっきょく実現できず、民国の正常化をはたせないままでいる自分の失策を、宿敵との同盟によってとりかえそうとする意図が、「安国軍」という名称にはあらわれている。また孫文上京から没後にいたってもまともな国会がひらけず、国会での選出を要する大総統職には就任できなかったので、軍官のトップである「大元帥」職につき、北京政府を軍政府にあらため、それによって国政の責任者をかねたという事情もあるだろう。ともあれ張作霖は、軍の最高司令官である必要はあったが、民国全体のトップである「大総統」はおろか、その代理として段祺瑞が創設した「（臨時）執政」職につくこともなかったのである。

むろん大総統職が曹錕の「賄選」でけがされ、「（臨時）執政」職は段祺瑞の下野をうけての就任になるから、いずれも張作霖にとって魅力がなかったということはかんがえられ

大元帥時代の張作霖

る。しかし、国民党が捨てた「大元帥」なる名称をわざわざ名のったところに、かつて孫文と良好な関係をたもち、その支持者でもあった張作霖の自負がうかがえる。

つまり、孫文が最後に名のっていた「中華民国軍政府大元帥」を継承できるのは、自分しかいないという自負である。この名前だけが、「軍閥」の時代においてだれにもけがされなかったこと、彼が「安」んじたい「国」は当然「中華民国」であったことをかんがえれば、あながち過言ではあるまい。

しかしその張作霖は、国民革命（北伐）軍においつめられた結果、北京をすてて奉天にのがれる途中、乗っていた列車を関東軍に爆破されて重体となり、そのまま世を去った（張作霖爆殺事件）。敵対者をころされたため、国民革命軍は張との最終決戦をせずに北京に入城することができた。この時点で、国民党にとって打倒対象となる巨大軍閥はほぼ消滅した。つまり、「軍閥」時代はおわったのである。それにくわえて、張作霖の長男・学良が国民党への合流を電撃的に発表し（一九二八年一二月二九日）、「民国再統一」という、ソ連・コミンテルンから課されたもうひとつの大きな課題もまた、国民党は宿敵の子とたたかわずして解決したのであった。

とくに学良はみずからの意思で国民党と合流し、国民革命軍全軍につぐ兵力をもってこれに加入したのだから、国民党が張学良を「軍閥」よばわりすることはさすがにできなかった。そのぶん、直接の最終戦であいまみえなかった張作霖を「軍閥」と認定し、これを「打倒」したことにしないと、国民革命軍としては体面がたもてなかったであろう。

また張作霖が亡くなる前年（一九二七年）四月には、蔣介石が上海で多数の共産党員と労働者を虐殺し、事実上、国共合作をおわらせてもいる。共産党ぬきでも「軍閥」をたおし、民国再統一をはたしたことをアピールしなければ、ソ連やコミンテルンの黙認とその後の支持を国民党がとりつけるのはむずかしかっただろう。その意味でも「安国軍大元帥」張作霖は、本人の自負とは関係なく、国民党の行為のすべてを正当化するためにも、「軍閥」でなければならなかったのである。

第五章　人民共和国への道

1　国民革命軍

蔣介石の擡頭

さいごの「軍閥」巨頭と目された張作霖がたおれ、国民革命軍が北京入城をはたして、民国再統一の悲願を達成したことは前章でのべた。この軍隊は、一九二五年七月に総司令に就任した蔣介石の指揮下にはあったが、じつはかれが完全に掌握していたわけではなく、よりあい所帯にちかいものであった。

そもそも蔣介石は、なぜ国民革命軍の総司令になれたのか。それは、一九二四年に成立した第一次国共合作をぬきにはかんがえられない。共産党員をむかえいれ、ともに民国再統一をめざすことになった国民党は、コミンテルンやソ連の指導により、再統一の実行部隊を「革命軍」と位置づけ、指揮官育成のための学校をつくった（一九二四年）。その初代校長が蔣介石だったのである。

「革命軍」にはつよい革命精神が必要であり、そのためには、国共合作の主旨をよく理解して忠実に任務を遂行できる、優秀な指揮官がかかせない。指揮官の精神性がたかく規律が厳正であれば、部下や兵たちもこれにならい、士気もあがるからである。コミンテルン

や ソ連は孫文を説得し、学校設立のための資金や人材を提供し、準備の一環として、蔣介石のモスクワでの研修をうけいれた（一九二三年）。

蔣はかつて日本に留学して軍事教育をうけ、また日本陸軍の連隊に配属された経験もあり、文人肌の党員がおおい国民党内では、軍隊教育や軍務を経験している数少ない存在であった。孫文もその点をたかく評価したからこそ、合作成立にさきだってモスクワに派遣し、トロツキー（一八七九〜一九四〇）の指導のもとでの赤軍（革命軍）教育を蔣にうけさせたのである。

よせあつめの軍隊

蔣は、自分がそだてた指揮官たちとつよい上下関係を形成したので、「蔣介石直系」とよべる部隊は国民革命軍のなかにたしかにあった。しかし、蔣が校長をつとめた学校は、共産党との合作によって設立されたため、共産党員の教官（その一人が周恩来《しゅうおんらい》〈一八九八〜一九七六〉）が共産主義教育をおこなっていたし、国民革命軍のなかには共産党系の部隊もあり、彼らが蔣に服従するとはかぎらなかった。

このような事情もあって、上海クーデタで共産党員が虐殺されて合作が事実上崩壊した一九二七年四月まで、蔣介石はたびたび共産党系部隊に圧力をかけた。一九二六年三月

蔣介石

に、国民革命軍海軍の中山艦《ちゅうざんかん》を、共産党員の艦長が独断でうごかす事件が発生すると、蔣はこれを策謀と断定し、関係者をいっせいに逮捕した。この事件以降、蔣介石の軍事指揮権がさらに強化された。蔣のライバルと目され、合作維持の立場から共産党員を擁護することがおおかった汪兆銘《おうちょうめい》（汪精衛《おうせいえい》、一八八三～一九四四）のおいおとしにも成功している。しかし、蔣介石が自分の軍事的・政治的権威をいかにたかめようとも、国民党系の革命軍本体だけではしょせん兵力がたりなかった。

この限界は、一九二六年九月に、北伐に呼応することを馮玉祥が宣言し、自軍（「国民軍」）を、広州《こうしゅう》（国民党の本拠地）国民政府下の「国民聯軍《こくみんれんぐん》」へとあらため、その総司令に任命されたことでうちやぶられた。つまり国民革命軍には強力な友軍ができたため、連携した軍事行動がとれるようになったのである。

ついで一九二七年四月に、蔣介石指揮下の軍団は「国民革命軍第一集団軍」（兵力約五〇万人）、馮玉祥指揮下の軍団は「（同）第二集団軍」（同約四二万人）となる。さらに北伐の途上で国民革命軍にくわわった山西省の「軍閥」閻錫山《えんしゃくざん》（一八八三～一九六〇）の約一五万人が「第三集団軍」、また一九二六年春に国民党に入党した湖南省の「軍閥」唐生智《とうせいち》（一八八九～一九七〇）や広西省の「軍閥」李宗仁《りそうじん》（一八九一～一九六九）にひきいられた約二〇万人が「第四集団軍」となるが、経緯や兵数からいって、第一・第二両軍が国民革命軍の中核であることは明白である。しかしいうまでもないが、最終的にはこれら四軍がすべて「国民革命軍」であったのだから、蔣介石が全軍を掌握していたわけではない。

北伐終了後の一九二九年、蔣と馮とははげしく対立し、二度も軍事衝突（五月および一〇～一一月）をおこした。大きな原因は、やはり第二集団軍の巨大な軍事力と、北伐途中からくわわった閻錫山・唐生智・李宗仁らとの、兵権や政治力をめぐるかけひきであった。

孫文の遺体安置所におもむく蔣介石、馮玉祥、李宗仁、閻錫山（最前列の左から右へ）

きっかけは、北伐終了後の兵士リストラ問題と、蔣介石以外の指揮官の権限削減と国民党中央への集権とを決めた会議（一九二八年一二月）だった。

募兵・傭兵中心になってからの中国の軍隊では、戦後処理の過程で兵士リストラ問題がかならずもちあがるので、それじたいはこの会議に特有の問題ではない。平時にもどったならばまず兵力を削減し、兵糧不足を回避しなければならないからである。これがうまくいかなければ、将兵のあいだや兵士どうしのいさかい、それに起因する暴動、逃亡兵の激増と将兵の能力・士気低下といった負の連鎖がおきる。そのためいつの時代でも、普遍的かつ切実な問題である。

いっぽう司令官の立場でかんがえると、自軍の兵力を削減されれば政治力がよわまってしまう。兵数をもとにした軍事費獲得や地盤拡大もむずかしくなり、それをきっかけに、敵対者が自軍を強引に吸収あるいは解体しかねない。ようするに兵数を温存しておきたいというのが司令官の本音であるため、兵士リストラ問題は、しばしば政治闘争のはじまりともなるのである。

終わりなき闘争

ただし蔣と馮との対立は、じつは一九二七年六月からおきていた。これにさきだつ四月、蔣介石は上海で共産党員を大虐殺し(前述)、国共合作は事実上崩壊していた。かつて孫文を大総統に推そうとしていた馮玉祥にとって、悲願ともいうべき国民革命、およびそれをささえる共産党との連携がふみにじられたのだから、蔣介石への不信感はつのって当然だった。馮は当時第四集団軍の司令官だった唐生智と共謀し、蔣をたおそうとまでかんがえた。けっきょく唐が政治闘争にやぶれ、第四集団軍の司令官は李宗仁に交代したため、馮の計画は未遂におわり、蔣が馮を罰することもなく、北伐は続行された。北伐に馮の兵力が必要だったから、蔣はあえて不問に付したのだろう。しかし自分をたおそうとした馮を、蔣がそのままゆるすわけはなかった。

まさしく司令官の死命を決する兵士リストラ問題がきっかけで、くすぶっていた馮と蔣との対立があらわになったうえに、ほかの司令官にとってもぬきさしならない問題であるから、ことは内戦に発展した。一九二九年三月から六月にかけては、蔣介石と李宗仁ら広西系旧「軍閥」勢力との内戦、先述した蔣と馮との二度の衝突、そして一一〜一二月にかけての蔣と李宗仁らとの再戦、一二月から一九三〇年一月にかけての蔣と唐生智との内戦と、国民革命軍内部での司令官どうしのつぶしあいがえんえんとつづいた。しかし結果的には、蔣介石がすべてに勝利した。

それでも内戦はおわらなかった。一九三〇年五月にはじまった内戦（中原大戦）では、蔣介石系と、閻錫山および一九二九年の敗戦の将たち（馮玉祥・李宗仁ら）

国民革命軍の兵士

だけではなく、国共合作破棄を批判していた汪兆銘もくわわり、いっそうぬきさしならない権力闘争になってしまったからである。

蔣介石の生涯でも一、二をあらそうこの危機をすくったのは、東北軍の張学良であった。かれは閻錫山側からも勧誘をうけていたし、閻らが樹立した北平《ほくへい》（旧北京。南京が首都になったため「京」ではなくなった）政府に勝手に名前をいれられもしたが、一貫して蔣介石支持を表明し、閻らとの調停までかんがえていた。しかし和解がむずかしいとみるや自軍を介入させ、蔣介石を事実上援護した。これで閻・馮らは逆襲をあきらめ、一〇月末には蔣の勝利におわるのである。

このように、設立当初から北伐終了後まで、国民革命軍はけっして一枚岩ではなかった。むろん蔣介石ひきいる第一集団軍が最大かつ中核の軍団ではあったが、馮玉祥の第二集団の軍団や旧「軍閥」系勢力がくわわらなければ、北伐を完遂するのはかなりむずかしかっただろう。またかつての敵ながら、張作霖没後にくわわった東北軍もつよい影響力をもっており、蔣はかれらとたたかったり妥協したりしつつ、自分の権力基盤をかためていかなければならなかった。

しばらく前まで蔣介石が「新軍閥」として共産党から批判されていたのは、同志を虐殺し合作を一方的に放棄した、不倶戴天の敵だからだろう。しかし、よせあつめの軍団と党員とを統合するためとはいえ、内戦にあけくれたようすだけをみれば、そういわれてもしかたがない。かつて、馮玉祥が将兵に説いたような国民のための軍隊、国民から支持されるにふさわしい軍隊になっていくみちのりは、国共合作の「党軍」として誕生した国民革命軍にとって、いつまでたってもゴールがみえない、ながくきびしい彷徨《ほうこう》をしいられるものであった。

2　共産党の軍隊

国民革命軍とのきびしい戦い

現在の「人民解放軍」にいたるまで、共産党の軍隊はなんどか改称・改編している。よって本節では、解放軍自体を理解するうえで必要最低限とおもわれる史実を確認しておこう。

第一次国共合作時期（一九二四〜一九二七年）の共産党は、国民党と党内合作した（共産党籍のまま国民党に入党する。国民党員には共産党入党の必要はなかった）ということもあって、共産党員のみで独自にたたかう部隊をもてなかった。共産党員が指揮する部隊は、国民革命軍の一部としてしか存在できず、上海クーデタ（一九二七年四月）をきっかけに国民党と決裂するまで、名目的には蔣介石の命令下にあった。

共産党員主導で創立された部隊は、一九二七年九月九日前後、秋の収穫時をねらった蜂起(秋収蜂起)のさいの、「中国第一支工農革命軍」であるといわれる(ただし現在の人民解放軍は、それ以前の八月一日に、新たな国民革命政府をつくろうとした蜂起を重視し、この日を「建軍記念日」とさだめている)。その後、一九二八年春にかけて江西・湖南・湖北・広東各省で蜂起した部隊もおおむね「工農革命軍」と称したが、広州で蜂起(一九二七年末)した部隊が「紅《こう》軍《ぐん》」という名称をつかった。これをうけて一九二八年五月二五日、共産党中央は各地の「工農革命軍」を「中国工農紅軍」と改称した。第二次国共合作(一九三七〜一九四六年)前の共産党軍を「紅軍」とよぶのはこれに由来する。

紅軍は第一次合作崩壊後、国民革命軍の攻撃にたいしても、なんとかもちこたえた。とくに最初の三回の包囲(囲剿《いそう》)作戦(第一次は一九三〇年一〇月〜一九三一年一月、第二次は一九三一年四〜五月、第三次は同年七〜九月)では、むしろ国民革命軍が紅軍のゲリラ戦術にほんろうされ、あるいは満洲事変勃発(一九三一年九月)により包囲作戦を中断した国民革命軍の部隊から紅軍へ投降したもの(約一万七〇〇〇人)までいた。つまり、紅軍が勢力を拡大し兵を増強する余地があった。そのため、湖南省境から江西省南部・福建省西部までと、安徽・河南両省境付近に、紅軍はそれぞれ根拠地をもつことができた。

しかし、その勢力拡大と兵力増強もつかのまにおわった。第四次包囲作戦（一九三二年六月～一九三三年三月）で、国民革命軍は総勢六〇万もの兵力をくりだして、安徽・河南方面の紅軍根拠地を壊滅させたからである。いっぽうで、紅軍根拠地の中枢部である湖南・江西・福建省方面は、周恩来らの猛反撃でいっときはもちこたえた（一九三三年秋の段階でも、紅軍には三〇万人近い兵力があったという）。この抵抗にたいして国民革命軍は、後備もふくめれば一〇〇万規模の兵力を動員して、第五次包囲作戦を実行した（一九三三年一〇月から翌年夏にかけて）。

なおこの作戦では、紅軍のゲリラ戦術を封印するため、トーチカ（鉄筋コンクリート製の野戦用防御設備）戦術が採用された。さらに、根拠地周辺の農民に連帯責任をおわせて相互に監視させ、経済封鎖によって紅軍への補給を断つほど、その遂行は徹底していた。

「長征」へ

紅軍にたいしては、コミンテルンから軍事顧問オットー・ブラウン（一九〇〇～一九七四、中国名・李徳《りとく》）が派遣されてきて指揮をとったが、国民革命軍の猛攻をしのぐことはできず、江西根拠地の主力八万人あまりが西へと移動しはじめた。これが「長征《ちょうせい》」のはじまりである。

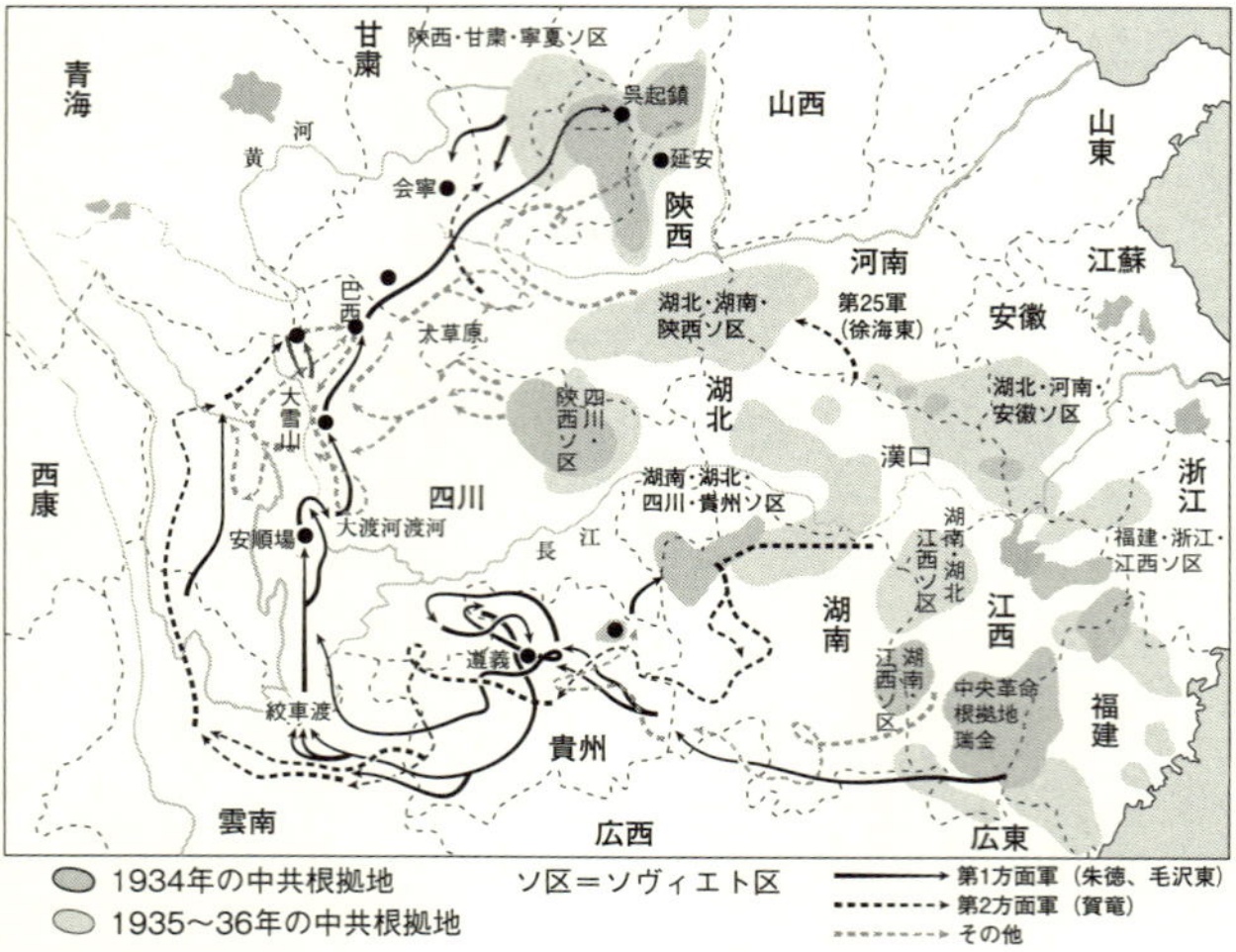

「長征」の経路

とはいえ、かれらはこれがよもや「長征」になるとはおもっていなかった。あくまでも一時的「西進」の予定だったのだが、一九三四年一一月に広西省北部で国民革命軍に攻撃されて甚大な被害がでてから、さらなる西進をしいられた。そのため、湖南の根拠地で態勢をたてなおして勢力をもりかえすという計画がついえてしまって、「一時的」ではすまされない「西進」、すなわち「長征」になったというのが正確なところである。

一九三五年一月には貴州省遵義《じゅんぎ》で小休止をとり、会議をおこなうこともできたが、その後は過酷な自然条件と国民革命軍の猛追にくわえて、少数民族からの不意うちなどにも遭遇し、かなりくるしい行軍をしいられた。一九三五年から一九三六年一〇月まで、つまり「長征」のほとんどの期間、実質的にはいきのこりをかけて、紅軍は凄絶な「敗走」をつづけていたといっても過言ではないだろう。

かれらが到着した陝西省や甘粛省は農業生産力がもともとひくく、食糧の長期的な確保はむりであった。またかれら自身も「長征」の途中で内紛をくりかえし、あるいは脱落者・犠牲者を多数だして、おおきな痛手をおっていた。このままいけば、紅軍のさらなる発展はのぞめなかったはずだった。しかし、日本軍の華北への侵略拡大と日中間の軍事的緊張のたかまり、そして、共産革命よりも侵略者やファシズムへの抵抗を優先し、中国国内に統一戦線を構築せよというコミンテルンのあらたな指示が、紅軍に活路をひらかせた。

西安事件勃発

かたや蔣介石の命令により、陝西省で紅軍鎮圧の指揮をとっていた張学良も、ひじょうにくるしい立場にあった。満洲事変で本拠地をうしない、国際連盟による調停への期待もみのらず、失意のうちにヨーロッパを一年ほどめぐって帰国したかれは、一九三五年秋以降、一五万の将兵をひきいて鎮圧戦にあたっていた。しかし紅軍は予想以上にはげしく抵抗したため、張軍の師団長が戦死するほどの被害がでていた。ましてや一九三四年には「満洲国」が帝政に移行し、東北出身の将兵には、帰還がますます絶望的な状況となっていた。故郷奪還のためではなく、「安内」のたてまえのもとで同胞とたたかうことに、疑問と反発をいだくものがふえていた。西安《せいあん》周辺での反日運動も、かれらのこうした感情に拍車をかけた。

一九三五年末に、張学良は水面下で共産党との接触を開始し、一九三六年はじめには、現地の紅軍と鎮圧軍とのあいだで、停戦協定にちかいとりきめまでかわした。一九三六年四月・五月には、張学良と周恩来とが秘密会談をおこなうまでになる。

張は蔣介石に、紅軍との正式な停戦と「一致抗日」を実行するようなんども説得したが、蔣はききいれなかった。紅軍と真剣にたたかわない張に圧力をかけるため、一二月四日に西安にやってきた蔣介石を、一二日早朝に張軍が急襲して監禁したのが「西安事件」である。蔣介石は、かつて打倒の最終目標とさだめていた張作霖の子息によって、逆においつめられてしまった。

張学良がこのように過激な行動にでるとは、じつは共産党側もコミンテルンも予測していなかった。しかしそれまでかたくなに紅軍鎮圧優先をつらぬいてきた蔣介石が、共産党とひそかな友好関係にある張学良によって監禁されたことは、共産党にとって千載一遇《せんざいいちぐう》のチャンスであった。共産党側は周恩来を西安に派遣し、国民党側からは蔣介石夫人の宋美齢《そうびれい》（一九〇一？〜二〇〇三、孫文夫人・宋慶齢《そうけいれい》〈一八九三〜一九八一〉の妹）らが西安にのりこんできて、二三〜二五日につめの交渉をおこなった。

結果的に周恩来は、紅軍が蔣介石の指揮下にはいること、共産主義の宣伝をおこなわないことを誓い、蔣介石も、紅軍鎮圧をやめ共産党を容認して日本軍に抗戦することを約束したが、この文言を記録にのこすことだけは拒否した。張学良は蔣が約束をはたすと信じて二五日にかれを解放し、南京に帰した（自身もおって南京にむかった）。西安事件はこうして収束した。

この事件はおもてむき、張学良による蔣介石の不法監禁としてしか世間では理解されておらず、紅軍との停戦や、「一致抗日」の約束などはふせられていた。しかし、約束が明文化されないことを不安におもった共産党側、および張とともに事件をおこした楊虎城《ようこじょう》（一八九三〜一九四九）がことの真相を公表してしまったため、体面をつぶされた蔣介石は張学良を以後ながく軟禁し、共産党との内戦にやぶれる（一九四九年）と台湾にまでつれていった（司令官をうしなった張の軍隊は、西安事件後に崩壊した）。張学良が完全に自由と名誉を回復したのは、蔣介石およびその子息・蔣経国《しょうけいこく》（一九一〇〜一九八八）の没後、李登輝《りとうき》（一九二三〜）が総統に昇格したあとの、一九九〇年になってからであった。

このように共産党は、蔣介石や国民党の方針しだいでは西安事件時に壊滅させられていたかもしれないが、首謀者である張学良と良好な関係を築いていたことがさいわいした。事件後、先述のような致命的ともおもえるミスをおかしたものの、「内戦停止」「一致抗日」のながれをひきよせ、陝西省の延安に根拠地を建設することもできた。

「解放区」の設立

一九三七年七月に盧溝橋事件《ろこうきょうじけん》が勃発し、八月に（第二次）上海事変へと戦火が拡大すると、その月のうちには陝西省北部の紅軍が「国民革命軍第八路軍《だいはちろぐん》」（総勢約三万人、三個師団）に改編され、九月には第二次国共合作が正式に成立した（このとき「国民革命軍第一八集団軍」と改称するが、一般的には旧名のまま「八路軍」とよばれる）。一〇月には旧紅軍のうち、江西・福建・広東・湖南・湖北・河南・安徽・浙江などの八省にとどまってたたかいつづけてきた遊撃部隊が、「国民革命軍陸軍新編第四軍」（約一万）に改編された（「八路軍」にたいして「新四軍」と略称される）。

共産党が勢力をはる陝西・甘粛・寧夏《ねいか》各省（寧夏のみ現在は回族自治区《かいぞくじちく》）には「陝甘寧辺区《せんかんねいへんく》政府《せいふ》」もおかれ、国民政府行政院が管轄する、特別行政区としてみとめられた。日本軍の侵攻が拡大した一九三七年に、国共両党はふたたび連携しただけではなく、（日本軍に占領された地域をのぞいて）「中華民国」としても再々統一されたといってよいだろう。

依然として共産党の「党軍」という性格がつよかったものの、「八路軍」も「新四軍」も国民革命軍の指揮下に形式的にははいり、抗日を優先し、共産運動や土地革命を一時停止した。

いっぽう一九三七年一二月に南京を陥落させた日本軍は、中国全域をすぐに屈服させられるともくろんでいた。しかし蔣介石は、南京よりもさらに内陸部にある重慶《じゅうけい》に首都をうつし、徹底抗戦のかまえをみせたため、日本軍も奥地にさそいこまれるかたちになった。かくして日本軍は大兵力を広範囲に投入し、戦線をのばす長期戦を余儀なくされた。

だが上海をはじめ政府の税源となりうるゆたかな大都市をつぎつぎにうしなった中国も、劣悪な軍備と慢性的な食糧不足になやまされながら、日本と同様に長期戦をたたかわざるをえなかった。このくるしみは、八路軍や新四軍にはさらにおおきなものだった。一九三九年以降、中国がとりつけたアメリカからの支援物資は、国民党系の部隊によっておおむねついやされ、戦争がながびくにつれて共産党側には分配されなくなったからである。

第二次国共合作は、国民党から共産党への攻撃が停止されたという成果、両党一丸となって日本軍に抵抗する姿勢を内外にしめす成果をのこしたものの、じっさいにはそれぞれの守備範囲内でそれぞれが孤軍奮闘しており、「共闘」とはいいきれないところがあった。

この連携のうすさと戦闘の長期化にともなう疲弊が、やがて相互不信をうみだした。一九三九年一月に、国民党以外の政党活動を制限する法律（異党活動制限弁法）を制定して、共産党へのしめつけを再度うちだした国民政府は、一九四一年一月には新四軍を華中で攻撃し、おおくの犠牲者をだしたうえに軍長を捕虜にして、武装解除まで実行した（皖南《かんなん》事変）。華北から華中にかけて共産党の勢力が伸長し、政府の命令にしたがわなくなったとみなしたためであった。

以後、国民政府は共産党にいっそう軍事圧力をかけ、ふたたび経済封鎖をおこなった。「辺区」外からえられるはずの収入をたたれた共産党は、このころからすでに国民党と戦いはじめていたといってもいいだろう。一九四〇年代にはいると、「辺区」を意識的に「解放区」と改称するようになる。国民政府の一部としての「辺区」ではなく、共産党みずからが日本軍とたたかい「解放」したという自負が、そこにはこめられていた。

毛沢東の擡頭

毛沢東《もうたくとう》（一八九三〜一九七六）が軍事的・政治的権威を確立しはじめるのは、日中戦争が激化して国民党からの圧迫がめだってくる一九四〇年代であった。

共産党創立当初（一九二一年）には、出身地・湖南省の代表にすぎなかった毛は、第一次国共合作時に、国民党員として農民運動の指導に成果をあげ、しだいに頭角をあらわした。合作崩壊後は、湖南省と江西省とのさかいにある井岡山《せいこうざん》にさいしょの革命根拠地をつくり、先述の両省だけではなく、福建省西部方面にも勢力をのばした。しかしその功績がありながら、毛はコミンテルンやソ連から評価されなかった。なぜならば、都市労働者を糾合《きゅうごう》するのが共産主義革命の基本であるのに、毛は貧しい農民や小作農を糾合したばかりか、山間部の匪賊にまで根拠地建設に協力させ、なおかつ根拠地に「革命」の名を冠したからである。

毛沢東

共産主義理論に反する行動がおおかった毛は、ソ連の最高指導者・スターリン（一八七八〜一九五三）からきらわれた。スターリンは、中国共産党の指導者としての地位を毛にみとめなかったばかりか、軍事指揮権すら途中から剝奪した。かわりに、ソ連に留学した中国人党員たちを要職につけ、自分の命令どおりに共産党をうごかそうとした。

毛がスターリンのくびきを脱したのは、一九三九年の第二次世界大戦勃発後、とりわけ一九四一年の独ソ戦開始以降であった。そもそも一九三七年の日中戦争勃発をうけて、ソ連への日本軍進攻をおそれたスターリンは、第二次大戦勃発直前にナチス・ドイツと相互不可侵条約をむすび、西側から侵略される不安を払拭した。しかし一九四一年三月になると、ドイツのおもな攻撃対象であったイギリスにアメリカが武器援助を開始したため、ドイツはヨーロッパでそれ以上に勢力を拡大できなくなった。局面打開の反転攻撃は、ソ連へとむかった（同年六月）。ソ連は大戦のうずにいやおうなくまきこまれ、中国共産党にあまり干渉できなくなった。一九四三年にはコミンテルンも解散し、「コミンテルン中国支部」という制約がなくなったため、中国共産党がスターリン人脈をトップにすえる必要もなくなり、毛沢東の自主性がさらにたかまった。このころから、抗日（日中）戦争をたたかう軍事指揮権を掌握し、スターリン人脈をおいおとし、政治的権威をも上昇させていった。毛にとっての日中戦争とは、ソ連との上下関係を清算して中国共産党内での権力闘争をかちぬき、自分の権威を確立する、重要な契機だった。敵は日本や、圧迫をくわえてくる国民党だけではなかったのだ。

人民のための軍隊

一九四五年四月、毛沢東は中国共産党第七回全国代表大会で、「聯合政府について」という政治報告をおこない、抗日戦争の歴史を総括し、今後のみとおしをのべた。かれはこのなかで、抗日戦争は「人民戦争」でもあるとのべている。それは八路軍・新四軍ほか共産党系の軍隊が、「広範な人民大衆の利益のため」に「団結してたたかっているから」で、また「この軍隊の唯一の根本理念」は、「中国人民とともにしっかりとたちあがって、誠心誠意、中国人民に奉仕すること」であるとも断言している。そしてこのように人民とつよくむすびついた軍隊であるから、「最後には日本の侵略者をうちやぶることができる」とものべている。

先述したとおり、日本軍だけではなく国民政府の圧力ともたたかわねばならなかった共産党は、全中国から見れば華北のごく一部にすぎない「辺区」におしこめられ、長期戦による疲弊と食糧不足とにくるしんでいた。報告では、「中国人民の抗戦を破壊し中国人民の国家をあやうくしているのは、まさか国民党政府でないというわけではあるまい」、つまり国民「党」政府が抗戦を妨害し、国家存立の危機をもたらしているとのべている。

共産党がいきのこっていくためには、まずかれらの軍隊の存在意義を、つよくうちださなければならなかった。そのための有効なロジックが、「人民のための軍隊」だったと筆者はかんがえる。つぎに、重慶国民政府による日本への抗戦と人民の防衛とがいかに有名無実であるか、さらには、いかに有害であるかを印象づける必要もあった。弱小ながら、

「人民のための軍隊」であろうとしてきた共産党の軍隊だけが、そしてその最高指導者である毛沢東だけが、抗戦をまっとうして日本に勝利し人民をまもれるのだと強調することも、この報告の眼目であった。つまり、共産党の軍隊はもはや国民革命軍の一部ではなく、毛沢東の指揮下にあって、「人民」全体の軍であると宣言したにひとしい。

共産党が、八路軍・新四軍そのほか、協力する各種武装勢力もふくめて「中国人民解放軍」を正式に編制するのは、国共内戦時（一九四六～一九四九年）であったとされるが、その構想は日本の無条件降伏以前、抗戦末期にはすでにあったとみてよいだろう。周知のとおり、内戦に勝った共産党が人民共和国を建国したあとから現在にいたるまでも、この名称の軍隊が存在するということは、抗日戦争および国民党との対立によって、共産党および毛沢東のアイデンティティが確立され、その正統性も担保されていることの証拠にほかならない。

解放軍は現在でも「共産党の軍隊」であり、党がやしなう義務をおっている軍隊である。共産党の根幹であるとともに、党の指導下にあるとされる中華人民共和国の根幹でもある。さらにいえば、現在の共産党と共和国のゆくえを決定づけた、毛沢東の軍隊でもある。二〇一五年の抗日戦争勝利軍事パレードに、習近平《しゅうきんぺい》（一九五三～）国家主席（兼中国共産党総書記。国家および共産党の軍事委員会主席も兼任）が、毛沢東風のコスチューム（人民服）に身をかためて登場したのは、毛の権威にいまもたよらなければ、解放軍を掌握するのはむずかしいことを暗示している。

国民革命軍に勝利する

さらに、民国時代と共和国成立以後とのちがいもふまえなければならない。民国時代の紅軍は、日本軍や国民革命軍から圧迫されていたものの、それゆえにたたかうべき「敵」は明確であった。しかし、一九四五年に日本が無条件降伏したあと、事態はかわった。まず国共両党は連合政府樹立を模索したが、これが暗礁《あんしょう》にのりあげると、ソ連軍の進攻により崩壊した旧「満洲帝国」領内（東北地方）に、共産党は兵力を潜入させた。国民党との一戦はさけられないとみて、その力がほとんどおよんでいない東北地方に先手をうったのである。一九四六年に事実上の内戦に突入すると、それまで中華民国の維持に協力的であったアメリカが国民党への明確な支持や共産党の排除をうちださなかったため、援助をじゅうぶんに得られなかった蔣介石は、しだいに不利なたたかいを強いられるようになった。

けっきょく一九四八年の三大（遼瀋《りょうしん》・淮海《わいかい》・平津《へいしん》）戦役にやぶれ、さいごに首都をおいた四川省成都《せいと》もまもりきれなくなって、蔣は台湾へとのがれた（一九四九年）。台湾に自称

「中華民国」が存続し、大陸に中華人民共和国が建国されて現在にいたるのは周知のとおりである。共産党にとって、台湾の「回収」なくして中国の真の統一は実現しないため、その意を受けた解放軍は、なんども攻撃や挑発をくりかえしてきた。他方で大陸内部には、共産党支配に反発する少数民族の火種はくすぶり続けているものの、明確な外敵はいない。いまだ「回収」できないでいる台湾をみすえるいっぽうで、大陸における広大な領土を維持し、多様な民族をまとめあげ、外敵の侵入をゆるさないためには、「共和国」人民の結束を内外に印象づけ、共産党につよい求心力があることをしめす必要がある。もっともわかりやすいシンボルが解放軍の偉容であり、それをうみだした「抗日戦争」勝利の栄光なのである。

人民だれしもに共通するナショナルな歴史的体験を、「抗日戦争勝利」に一本化し、その立役者としての解放軍を賞賛しなければ、中華人民共和国という国家の存在意義と、国民（人民）意識はたちゆかなくなるだろう（それらが動揺しているときほど、日本を攻撃の標的にしてまとまろうとする）。その意味でも日中関係の根本的改善に、「人民解放軍」がカギをにぎっていることをわすれてはならない。

おわりに

二つの「摘出しがたいかたまり」

中国は、私兵が国軍のかわりをはたす歴史をもち、その過程で、統率者が「もの」「かね」「ちから」を分配しながら、軍とのつよいつながりをつくってきた。また軍もそれらをもとめて統率者に依存するという、もちつもたれつの関係を形成してきた。

この関係はひとや制度を変化させつつ、ながい時間をかけてつくりあげられてきたため、ひじょうに強固であり、法律や規則で解消できるほど単純ではない。この相互依存関係がベースにあるからこそ、軍の末端部が統率者に「もの」「かね」「ちから」の分配をもとめ、ときには別途これらを確保してゆさぶりをかけるので、統率者側もやむをえず承認するとかんがえられる。

それにくわえて、統率者へのたえまないへつらいとあまえがあり、そして場合によっては、自分たちの行動によって統率者の方針をかえてしまえる、そのような過信もあるだろう。中国における「人治」はかくも根深く、法治への転換は容易ではない。国際法遵守を他国からもとめられていながら、それをなかなか完全なかたちにできないでいる中国は、

総書記
中央政治局常委会 7 人
中央書記処 7 人
中央軍事委員会 11 人　中央政治局 25 人
中央委員会 376 人　中央規律検委会 130 人
中国共産党全国代表大会

中国共産党中央の階層制（2012 年〜）

全国人民代表大会委員会　劉雲山

中共中央政治局常務委員会 7 人
習近平
李克強
張徳江
兪正声
劉雲山
王岐山
張高麗

国務院総理　李克強

中央軍事委員会 11 人
主席　習近平
副主席　范長龍
副主席　許其亮
委員　常万全、房峰輝、張陽、趙克石、張又侠、呉勝利、馬暁天、魏鳳和

中国の党・政・軍トップ集団（2014 年）
2 表とも、毛里和子『中国政治――習近平時代を読み解く』（山川出版社、2016 年）

けっして怠惰でも傲慢でもない。むしろみずからの歴史のなかにある、肥大化した「人治」のかたまりを、なんとか摘出しようとして苦闘しているさなかなのである。
　しかしそのかたまりは、中国の「体」にしっかりと根をはってしまっているので、とりだそうとすればつよい痛みにおそわれる。そのくるしみにのたうつあまり、暴言や暴挙にみえるふるまいもでてくる。そうかんがえれば、日本も過剰反応をしないですむのではな

いだろうか。

なお中国共産党には、「抗日勝利」へのつよいこだわりという、摘出しがたいもうひとつのかたまりがある。中華民国でつねにマイノリティであったこの党が、あたらしい国家のマジョリティへと昇華するときに、どうしても身にまとわねばならなかった、その正当性こそが「抗日勝利」であった。

共産党だけが現実政治によごされず、つねに人民のがわにたって戦ったからこそ、あれだけ長期化した戦争に勝利し、ひとびとを貧しさやよわさから解放することができたのだ、という正当性である。このロジックが根幹にあるから、どれほど日本が謝罪しても、中国は「抗日勝利」にこだわりつづけるのである。

よって現在でも、共和国が「抗日勝利」にあれほどこだわっているのは、「人民」にむけての正当性アピールという色彩が濃厚であるとみるべきだ。これらが声高に聞こえ、あるいはとくにめだつときほど、じつは中国という「国家」、およびその指導政党である共産党の求心力は、低下している可能性がたかい。

「軍」こそが現代中国の核心

「外」からあたえられた正当性で「内」をひきしめるだけではなく、国内での綱紀粛正によってひとびとを畏怖・服従させるという、共産党指導部の行動も昨今はめだつ。とくに党幹部の綱紀粛正と、解放軍や共産党への自賛は、党や国家にたいする人民の不満をそらし、「党」なくして「国家」は存続しないということを信じさせるのにどうしても必要な、表裏一体の行為である。

党が国家を指導する体制をもつ中国は、軍隊もまた「国家の軍隊」ではない。われわれは中国の軍隊は「中国軍」、つまり無意識のうちに「中国という国の軍隊」だとおもっているが、そのようなものはじつは出現したことがないのである。

「国家の軍隊」ではない「中国人民解放軍」、それを支配下におく中国共産党、そして人治のしがらみにくるしむ中華人民共和国、この三者の関係を明確に理解したうえで、日本は中国の言動に過剰反応しないことが肝要である。本書をおえるにあたり、読者にはこのことをあらためて強調しておきたい。そのための歴史的判断材料を、本書からすこしでもえてほしいというのが、筆者の切なるねがいである。

参考文献一覧（同一著者のものはまとめた）

はじめに

浅野　亮『中国の軍隊』（創土社、二〇〇九年）

Jerome Chen, *The Military-Gentry Coalition: China under the Warlords* (University of Toronto-York University Joint Centre on Modern East Asia, Toronto, 1979)

中国語版は、陳志譲『軍紳政権――近代中国的軍閥時期』生活・読書・新知三聯書店、一九七九年。邦訳は、ジェローム・チェン著、北村稔・岩井茂樹・江田憲治訳『軍紳政権――軍閥支配下の中国』岩波書店、一九八四年

澁谷由里『馬賊で見る「満洲」――張作霖のあゆんだ道』（講談社選書メチエ、二〇〇四年）

同『「漢奸」と英雄の満洲』（講談社選書メチエ、二〇〇八年）

第一章

日野開三郎『支那中世の軍閥』（『日野開三郎東洋史学論集』第一巻、三一書房、一九八〇年。初版は三省堂、一九四二年）

宮崎市定「古代中国賦税制度」（『宮崎市定全集3　古代』岩波書店、一九九一年。初出は『史林』第一八巻第二・三・四号、一九三三年四・七・一〇月）

米田賢次郎「秦漢帝国の軍事組織」（石母田正ほか編『古代史講座』5、学生社、一九六二年）

濱口重國「光武帝の軍備縮小と其の影響」(同著『秦漢隋唐史の研究』上、東京大学出版会、一九六六年。初出は『東亜学』第八輯、一九四三年)
同「後漢末・曹操時代に於ける兵民の分離に就いて」(同前書所収。初出は『東方学報』東京、第一一冊、一九四〇年)
同「南北朝時代の兵士の身分と部曲の意味の変化に就いて」(同著『唐王朝の賤人制度』東洋史研究会、一九六六年。初出は『東方学報』東京、第一二冊の1、一九四一年)
同「府兵制度より新兵制へ」(前出『秦漢隋唐史の研究』上。初出は『史学雑誌』第四一巻第一一・一二号、一九三〇年)

第二章

森田憲司「宋の統一」、宮澤知之「王安石の新法と党争」、衣川強「宋金の対立」、植松正「元朝の中国支配」(竺沙雅章・責任編集『アジアの歴史と文化3　中国史—近世Ⅰ』同朋舎出版、一九九四年)
小岩井弘光『宋代兵制史の研究』(汲古書院、一九九八年)
王曉衛「蒙古国及元朝」、「明朝」(同主編『中国軍事制度史　兵役制度巻』大象出版社、一九九七年)
奥山憲夫『明代軍政史研究』(汲古書院、二〇〇三年)
川越泰博「班軍番上制」、「親征軍」、「優養制」(同著『明代中国の軍制と政治』国書刊行会、二〇〇一年)
夫馬　進「明帝国の斜陽」(谷口規矩雄・責任編集『アジアの歴史と文化4　中国史—近世Ⅱ』同朋舎出版、一九九四年)
松浦　茂『清の太祖ヌルハチ』(白帝社、一九九五年)
杉山清彦「マンジュ国から大清帝国へ」(岡田英弘編『清朝とは何か』藤原書店、二〇〇九年)

谷井陽子『八旗制度の研究』（京都大学学術出版会、二〇一五年）

第三章

中山八郎「緑営」、「団練」（貝塚茂樹ほか編『アジア歴史事典』第九巻、平凡社、一九六二年）
臨時台湾旧慣調査会編著『清国行政法』（全六巻）のうち、第一巻上・第一巻下・第二巻・第四巻
山田　賢『中国の秘密結社』（講談社選書メチエ、一九九八年）
内藤湖南「清朝衰亡論」（同著『清朝史通論』平凡社東洋文庫、一九九三年。もとは京都帝国大学における三回の特別講演〈一九一一年一一月二四日、一二月一・八日〉の要旨）
同「清国の立憲政治」（同著『支那論』文春学藝ライブラリー、二〇一三年附録。もとは大阪での講演〈一九一一年五月〉。同年六月二五日付『大阪朝日新聞』に要旨掲載）
鈴木中正「郷勇」（前出『アジア歴史事典』第三巻、一九六〇年）
小島晋治『洪秀全と太平天国』（岩波現代文庫、二〇〇一年）
菊池秀明『太平天国にみる異文化受容』（山川出版社、二〇〇三年）
ジョナサン・D・スペンス著、佐藤公彦訳『神の子　洪秀全――その太平天国の建設と滅亡』（慶應義塾大学出版会、二〇一一年）
原著はSpence, J. D., *God's Chinese Son: The Taiping Heavenly Kingdom of Hong Xiuquan* (Harper Collins Publishers, London, 1996)
リンドレー著、増井経夫・今村与志雄訳『太平天国――李秀成の幕下にありて』（第一～四巻、平凡社東洋文庫、一九六四～一九六五年）

原著はLin-Le（Augustus Lindley）, *Ti-ping Tien-Kwoh: The History of the Ti-ping Revolution*, 2 vols., London, 1866
徐勇『近代中国軍政関係与〝軍閥〟話語研究』（中華書局、二〇〇九年）
林言椒「劉長佑」、黎仁凱「呉長慶」、陳振江「聶士成」・「董福祥」（孟栄源主編『中国歴史大事典　清史（下）』上海辞書出版社、一九九二年）
土田健次郎「体用」（溝口雄三ほか編『中国思想文化事典』東京大学出版会、二〇〇一年）
トーマス・L・ケネディ著、細見和弘訳『中国軍事工業の近代化――太平天国の乱から日清戦争まで』（昭和堂、二〇一三年）
原著はKennedy, T. L., *The Arms of Kiangnan: Modernization in the Chinese Ordnance Industry*, 1860-1895, Westview Press, 1978
毛利敏彦『台湾出兵――大日本帝国の開幕劇』（中公新書、一九九六年）
原田敬一『日清・日露戦争』（岩波新書、二〇〇七年）
ジェローム・チェン著、守川正道訳『袁世凱と近代中国』（岩波書店、一九八〇年）
原著はJerome Chen, *Yuan Shih-k'ai, 1859-1916: Brutus Assumes the Purple*, Stanford, 1961
横山宏章『孫文と袁世凱――中華統合の夢』（岩波書店、一九九六年）
岡本隆司『袁世凱――現代中国の出発』（岩波新書、二〇一五年）
同「モンゴル『独立』問題と漢語概念――キャフタ協定にいたる交渉を中心に」（『東洋史研究』第七三巻第四号、二〇一五年三月）
田中比呂志『袁世凱――統合と改革への見果てぬ夢を追い求めて』（山川出版社、二〇一五年）

第四章

只眼（陳独秀）「欧戦後東洋民族之覚悟及要求」（林茂生ほか編『陳独秀文章選編』上、生活・読書・新知三聯書店、一九八四年。初出は『毎週評論』第二号、一九一八年一二月二九日）
中見立夫『「満蒙問題」の歴史的構図』（東京大学出版会、二〇一三年）
同「モンゴルの独立と国際関係」（溝口雄三ほか編『アジアから考える［3］周縁からの歴史』東京大学出版会、一九九四年）
NHK取材班、臼井勝美著『張学良の昭和史最後の証言』（角川文庫、一九九五年。初版は一九九一年）
劉寿林ほか編『民国職官年表』（中華書局、一九九五年）
許放『中国民国政治史』（人民出版社、一九九四年）
宮玉振『直軍』（山西人民出版社、二〇〇〇年）
簡又文『馮玉祥伝』（上下、伝記文学出版社＝台北、一九八三年）
中国第二歴史档案館編『馮玉祥日記』（全五冊、江蘇古籍出版社、一九九二年）のうち、第一巻（一九二〇年一一月二五日〜一九二四年一二月三一日）
丁暁平・責任編輯（馮玉祥著）『我的生活』・『我的抗戦生活』・『我所認識的蔣介石』（解放軍文芸出版社、二〇〇二年）
愛新覚羅溥儀著、小野忍・野原四郎・新島淳良・丸山昇訳『わが半生』（上下、ちくま文庫、一九九二年。初版は一九七七年）
楊新「故宮の歩んだ長い道のり」（小川裕充監修『故宮博物院』一〜五、NHK出版、一九九七年。各巻の巻頭）
石川禎浩『革命とナショナリズム　1925—1945』（シリーズ中国近現代史3、岩波新書、二〇一〇年）

第五章

李松林主編『中国国民党史大辞典』（安徽人民出版社、一九九三年）
西村成雄『張学良――日中の覇権と「満洲」』（岩波書店、一九九六年）
景杉主編『中国共産党大辞典』（中国国際広播出版社、一九九一年）
石川忠雄「秋収暴動」（前出『アジア歴史事典』第四巻、一九六〇年）
中共中央毛沢東選集出版委員会編『毛沢東選集』（全五巻、人民出版社、一九六六年改訂版。初版は一九五三年）のうち第三巻

おわりに

毛里和子『中国政治――習近平時代を読み解く』（山川出版社、二〇一六年）

本文写真

駱芸、黄柳青編著『軍閥之国　一九一一―一九三〇』（上下、人民日報出版社、二〇一五年）

1946–49		国共内戦、「中国人民解放軍」成立	
1949		中華人民共和国建国	

		北京政変。溥儀、紫禁城から追放	
1925		孫文死去	
		「国民革命軍」の結成 郭松齢事件	蔣介石（1887-1975） 郭松齢（1883-1925）
1926		馮玉祥がソ連へ亡命。国民党に入党 「国民革命軍」が張作霖・呉佩孚連合軍（「安国軍」）の「北伐」を本格化	
1927		蔣介石の上海クーデタ（第一次国共合作の終焉） 張作霖、安国軍大元帥に就任	
		共産党の秋収蜂起（工農革命軍結成）	毛沢東（1893-1976）
1928		工農革命軍が「中国工農紅軍」に改称 張作霖爆殺事件	
1929		東北の「易幟」、民国再統一	
1930		中原大戦 第一次囲剿	
1931		第二次囲剿、第三次囲剿 満洲事変勃発	
1932		「満洲国」建国	
		第四次囲剿（～1933）	
1933		第五次囲剿（～1934）	
1934		紅軍の「長征」（～1936） 「満洲国」、帝政に移行	
1936		西安事件	張学良（1901-2001） 周恩来（1898-1976）
1937		盧溝橋事件 （第二次）上海事変 紅軍が「国民革命軍第八路軍」に 第二次国共合作成立 中華民国の首都・南京が陥落、重慶にうつる	
1939		異党活動制限弁法制定	
1941		皖南事変	
1945		日本が無条件降伏	

1895		康有為による「公車上書」事件 袁世凱が陸軍再建に着手	康有為（1858–1927） 袁世凱（1859–1916）
1898		戊戌の変法と政変	
1900–01		義和団事件	
1901		「変法の詔」発布	
1905		「北洋六鎮」成立。科挙廃止	
1906		彰徳秋操実施、陸軍部設置	
			宣統帝（溥儀、在位1908–12）
1911		辛亥革命勃発	
1912	中華民国	中華民国建国（臨時大総統は孫文、臨時首都は南京） 宣統帝退位。袁世凱が臨時大総統となり、首都は北京に 中国国民党結成、国会選挙	
1913		袁世凱が党首・宋教仁を暗殺し、正式の大総統に就任。国民党解散を命令 「第二革命」	
1915		袁世凱の帝政運動、「第三革命」	
1916		袁世凱、帝政を取り消し大総統に戻る（6月に死去）	
		黎元洪が大総統に、段祺瑞が国務総理に 第一次世界大戦参戦をめぐる「府院の争い」	黎元洪（1864–1928）
1917		「張勲の」復辟事件、黎元洪辞任	
		馮国璋が大総統に	馮国璋（1859–1919）
1918		徐世昌が大総統に（～1922）	徐世昌（1855–1939）
1919		五四運動	陳独秀（1879–1942）
1920		安直戦争	段祺瑞（1865–1936）
			曹錕（1862–1938） 呉佩孚（1874–1939） 張作霖（1875–1928）
1921		中国共産党結成	
1922		第一次奉直戦争	
1923		曹錕の「賄選」	
1924		第一次国共合作 第二次奉直戦争	 馮玉祥（1882–1948）

1796–1804		白蓮教徒の乱 八旗緑営の弱体化、郷勇・団練への依存	嘉慶帝（在位 1796–1820）
1840–42		アヘン戦争 南京条約により香港島をイギリスに割譲	林則徐（1785–1850）
			咸豊帝（在位 1850–61）
1851–64		太平天国の乱	洪秀全（1814–64）
		湘軍、淮軍などの郷勇が鎮圧軍の主力に	曾国藩（1811–72）
			李鴻章（1823–1901）
1856–60		第二次アヘン戦争（アロー戦争） 北京条約により英仏は内地旅行権を獲得 イギリスは九龍半島にも植民地を拡大 清朝は総理各国事務衙門を設立	
		垂簾聴政（西太后）	同治帝（在位 1861–74）
1863		緑営の再編、練軍の成立	劉長佑（1818–87）
1860–90 年代		洋務運動・「中体西用」・同治中興 官督商弁による近代工場の設立	
1873		日清修好条規締結	
1874		日本による台湾出兵	
			光緒帝（在位 1874–1908）
1875		李鴻章、北洋艦隊建設に着手	
1886		北洋艦隊が長崎に入港し、長崎事件がおきる	
1888		北洋艦隊、清朝の海軍に昇格	
1894		朝鮮で東学の乱が勃発、日清戦争に発展	
		孫文、ハワイで興中会を設立	孫文（1866–1925）

1457		奪門の変	天順帝（在位 1457–64）
		北虜南倭 開中法	嘉靖帝（在位 1521–66）
			万暦帝（在位 1572–1620）
1592–96		文禄の役	
1597–98		慶長の役	
1616		ヌルハチ、後金国を建国	ヌルハチ（清の太祖、在位 1616–26）
1618		「七大恨」を発する	
1619	清	サルフの戦い	
1626		寧遠の戦い（ヌルハチ死去） ホンタイジがハンに 八旗制度	ホンタイジ（清の太宗、在位 1626–43）
			（明）崇禎帝（在位 1627–44）
1628		李自成の乱が勃発	
1636		ホンタイジ、国号を「大清」に改め、皇帝に即位	
1643		ホンタイジ死去、フリンが即位	（清）順治帝（在位 1643–61）
1644		李自成軍が北京に襲来、崇禎帝が自殺、明の滅亡、清の入関	
			康熙帝（在位 1661–1722）
1673–81		三藩の乱	
1683		台湾の鄭氏政権滅亡	
1689		ロシアとネルチンスク条約を締結	
1690, 1696		ジュンガル親征	
1697		ジュンガルのガルダン・ハンが自殺	
1713		地丁銀制を実施	
		「儲位密建の法」	雍正帝（在位 1722–35）
			乾隆帝（在位 1735–95）

1214	(金)	金、開封へ遷都	
1234	モンゴル	金の滅亡	オゴタイ（在位1229–41）
1241–46		ハン空位時代	
	モンゴル		グユク（在位 1246–48）
1248–51		ハン空位時代	
			モンケ（在位 1251–59）
1260		クビライとアリク・ブゲがそれぞれ即位	
1261		クビライが内戦に勝利	クビライ（在位1260–94）
1262		李璮の乱	
1268		南宋への攻撃開始	
1271	元	クビライ、支配領域を「元」に改称	
1274		「文永の役」（元寇）	
1276		南宋の首都・臨安陥落	
1279		厓山の戦い（南宋滅亡）	
1281		「弘安の役」（元寇）	
			順帝（トゴン・テムル、在位 1333–70）
1351–66		紅巾の乱	
1368	明	朱元璋即位 （首都は南京） 元は北方へ去る（北元） 衛所制	洪武帝（朱元璋、在位 1368–98）
			建文帝（在位 1398–1402）
1399–1402		靖難の役	
			永楽帝（在位 1402–24）
1421		南京から北京へ遷都	
1449		土木の変	正統帝（在位 1435–49）
			景泰帝（在位 1449–57）

875-884		黄巣の乱	
907 907-960	五代十国時代	後梁の成立、唐の滅亡	朱全忠
916 936	契丹	契丹成立 燕雲十六州の割譲（五代の後晋から契丹へ）	
947	遼	契丹、「遼」に改称（～1125）	
960-1127	北宋		太祖（趙匡胤、在位 960-976）
		燕雲十六州奪還に失敗	太宗(在位 976-997)
1004		澶淵の盟	真宗（在位 997-1022）
			仁宗（在位 1022-63）
1038		「大夏」（西夏）成立	
1044		北宋と西夏との和議成立	神宗（在位 1067-85）
1069-85		（王安石の）新法	
1076		王安石引退	
1115	金	女真族完顔部の阿骨打が遼から独立	阿骨打（在位 1115-23） （北宋）徽宗（在位 1100-25） （遼）天祚帝（在位 1101-25）
1120	（北宋）	方臘の乱	
1125		遼の滅亡	
1127		靖康の変（北宋の滅亡）	
	南宋	高宗即位(宋の復活＝1279まで)	高宗(在位 1127-62)
		秦檜と岳飛の対立	
1141		金との講和成立	
			孝宗(在位 1162-89)
1206	モンゴル	チンギス・ハンの即位	チンギス・ハン（在位 1206-27）
1211 1227		金への侵攻を開始 西夏滅亡	

本書関連事項・人物年表

西暦	中国王朝（時代）	重要事項	人物
B.C.1100?–B.C.256	周		
B.C.770–B.C.403	春秋時代		
B.C.403–B.C.221	戦国時代		
B.C.221–B.C.206	秦		
B.C.202–A.D.8	前漢		武帝（在位 B.C.141–B.C.87）
(8–23)	（新）		王莽(B.C.45–A.D.23)
25–220	後漢		光武帝（劉秀、在位25–57）
		兵戸制	曹操（155–220）
220–589	魏晋 南北朝 時代	屯田制（魏） 占田法・課田法（晋）	
386–534 557–581	北魏 北周	均田制	
581–618	隋	南北統一（589）	文帝（楊堅、在位581–604） 煬帝（在位 604–618）
618–907	唐	府兵制、均田制 都護府・都督府 「貞観の治」	高祖（李淵、在位618–626） 太宗（李世民、在位626–649）
663		白村江の戦い	高宗（在位 649–683）
690–705	（武）周	唐朝中断	則天武后
712		唐朝復活 「開元の治」 藩鎮への依存 募兵制への傾斜 府兵制の破綻	玄宗（在位 712–756）
755–763		安史の乱	
780		両税法施行	徳宗（在位 779–805）

あとがき

「『中国の軍閥』というテーマで書いてもらえませんか？」

——編集者・山崎比呂志氏の提案はつねにさりげなく、それでいて意表をつかれる。講談社選書メチエで最初に書いた「馬賊」もしかり、次に書いた「漢奸」もしかり。「軍閥」についても、「新書で出して大丈夫ですか？」とおもわず口にしたほどである。しかし山崎氏は「大丈夫です」といい、自信満々であった。氏が大丈夫といってだめだったためしはないので、こんかいも大丈夫だろうと考え、準備にとりかかった。

「中国の軍閥」というからには、中華民国時代（一九一二〜一九四九年）のそれを書けばよいものを、どうも〝ひねり〟がたりないような気がした。「軍閥」とよべる存在は、なぜ、いつごろからできてきたのだろうか？　中国の歴史にとって「軍閥」とはなんだろうか？　考えれば考えるほど根源的な疑問がわいてきて、民国時代だけではおさまらない状態になってきた。類似した現象をもとめてまず唐代にたどりつき、それ以前の軍事史を知りたくて魏晋南北朝時代についてまなび、曹操の兵戸制を転換点とみさだめてからはさらにさかのぼって……気がつくと、紀元前に到達していた。このようにながく複雑な前近代の制度史については、前任校（富山大学）の徳永洋介先生のご教示がなかったらとても理解できなかった。あつく御礼申し上げたい。

なお本書の企画と前後して、日中戦争の再検討をつうじて、日中両国の和解のいとぐちをさぐるというプロジェクトに参加させていただいた。私が追究したかったのは、日中戦争で日本軍が戦った「中国軍」はどのように形成されてきたのか、という問題であったが、いかんせん、報告であつかった時代が古代・中世であったため、主宰者の黄自進先生（中央研究院近代史研究所）をはじめ、みなさまを当惑させてしまった。にもかかわらず、「中国軍の本質にせまる大きな意味がある」と評価して、さまざまなご教示をくださった松重充浩先生（日本大学）、台湾での国際学会にも呼んでくださった黄先生、ご自身のプロジェクトにも私をくわえてくださった馬暁華先生（大阪教育大学）には、とくに御礼を申し上げたい。また特殊講義として内容を話す機会を与えてくださった京都大学、富山大学、現在私が勤務している帝京大学の先生方と学生のみなさんのおかげで、「読み手」の反応を予想しながらのブラッシュアップができたことも、望外のよろこびであった。

けっきょく山崎氏の企画どおりにはいかず、「軍事をきりくちにした中国通史」のようなおもむきとなったが、この方針変更を認めてくださった山崎氏、および現代新書編集部のみなさまにも御礼を申し上げる。なお清代からあとの部分には、『中原の虹』、『マンチュリアン・リポート』、『天子蒙塵』の歴史考証を任せてくださっている、浅田次郎先生とのやりとりがおおいに反映されている。私の世界を広げてくださった浅田先生に、つきせぬ感謝の意をのべて、本書のしめくくりとしたい。

二〇一六年一二月

澁谷由里

講談社現代新書　2409

〈軍《ぐん》〉の中《ちゅう》国《ごく》史《し》

二〇一七年一月二〇日第一刷発行　二〇一七年三月六日第二刷発行

著　者　澁《しぶ》谷《たに》由《ゆ》里《り》

発行者　鈴木　哲

発行所　株式会社講談社

東京都文京区音羽二丁目一二―二一　郵便番号一一二―八〇〇一

電　話　〇三―五三九五―三五二一　編集（現代新書）
〇三―五三九五―四四一五　販売
〇三―五三九五―三六一五　業務

装幀者　中島英樹

印刷所　凸版印刷株式会社

製本所　株式会社大進堂

定価はカバーに表示してあります　Printed in Japan

N.D.C. 222　237p　18cm
ISBN978-4-06-288409-9

「講談社現代新書」の刊行にあたって

教養は万人が身をもって養い創造すべきものであって、一部の専門家の占有物として、ただ一方的に人々の手もとに配布され伝達されうるものではありません。

しかし、不幸にしてわが国の現状では、教養の重要な養いとなるべき書物は、ほとんど講壇からの天下りや単なる解説に終始し、知識技術を真剣に希求する青少年・学生・一般民衆の根本的な疑問や興味は、けっして十分に答えられ、解きほぐされ、手引きされることがありません。万人の内奥から発した真正の教養への芽ばえが、こうして放置され、むなしく滅びさる運命にゆだねられているのです。

このことは、中・高校だけで教育をおわる人々の成長をはばんでいるだけでなく、大学に進んだり、インテリと目されたりする人々の精神力の健康さえもむしばみ、わが国の文化の実質をまことに脆弱なものにしています。単なる博識以上の根強い思索力・判断力、および確かな技術にささえられた教養を必要とする日本の将来にとって、これは真剣に憂慮されなければならない事態であるといわなければなりません。

わたしたちの「講談社現代新書」は、この事態の克服を意図して計画されたものです。これによってわたしたちは、講壇からの天下りでもなく、単なる解説書でもない、もっぱら万人の魂に生ずる初発的かつ根本的な問題をとらえ、掘り起こし、手引きし、しかも最新の知識への展望を万人に確立させる書物を、新しく世の中に送り出したいと念願しています。

わたしたちは、創業以来民衆を対象とする啓蒙の仕事に専心してきた講談社にとって、これこそもっともふさわしい課題であり、伝統ある出版社としての義務でもあると考えているのです。

一九六四年四月　野間省一